全国高级技工学校电气自动化设备安装与维修专业教材

QUANGUO GAOJI JIGONG XUEXIAO DIANQI ZIDONGHUA SHEBEI ANZHUANG YU WEIXIU ZHUANYE JIAOCAI

KNX 智能家居系统安装与调试

刘振兴 主 编

中国劳动社会保障出版社

简　介

本书为全国高级技工学校电气自动化设备安装与维修专业教材。主要内容包括智能窗帘控制系统的安装与调试、智能照明控制系统的安装与调试、会议室场景控制系统的安装与调试。

本书由刘振兴任主编，张宏、王枫清、崔云龙任副主编，史海威、王建、张琳、姚迪、李婷婷、石梦桐参加编写。

图书在版编目（CIP）数据

KNX 智能家居系统安装与调试/刘振兴主编．--北京：中国劳动社会保障出版社，2023
全国高级技工学校电气自动化设备安装与维修专业教材
ISBN 978-7-5167-5926-4

Ⅰ．①K…　Ⅱ．①刘…　Ⅲ．①住宅-智能化建筑-技工学校-教材　Ⅳ．①TU241

中国国家版本馆 CIP 数据核字（2023）第 177864 号

中国劳动社会保障出版社出版发行
（北京市惠新东街 1 号　邮政编码：100029）
*
北京谊兴印刷有限公司印刷装订　新华书店经销

787 毫米×1092 毫米　16 开本　8.25 印张　184 千字
2023 年 10 月第 1 版　2023 年 10 月第 1 次印刷
定价：18.00 元

营销中心电话：400-606-6496
出版社网址：http://www.class.com.cn
http://jg.class.com.cn

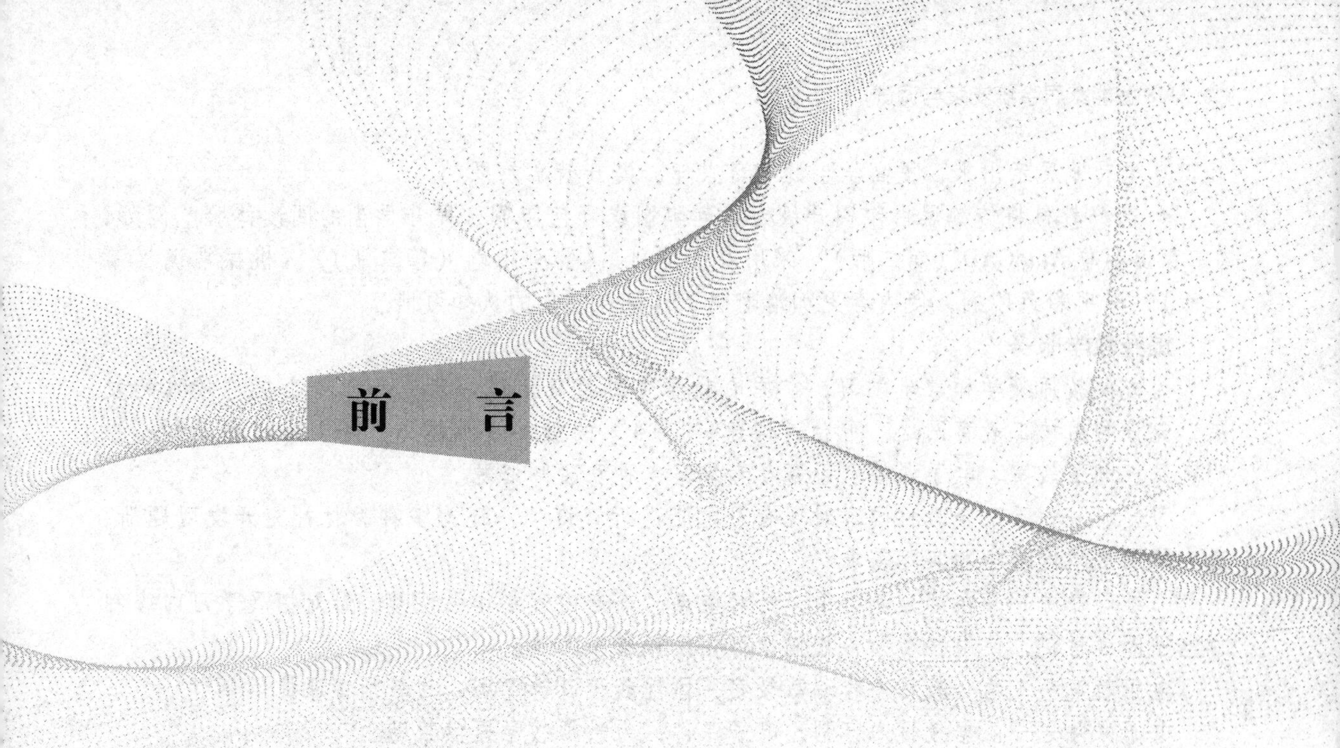

前言

为了更好地适应高级技工学校电气自动化设备安装与维修专业的教学要求，全面提升教学质量，人力资源社会保障部教材办公室组织有关学校的一线教师和行业、企业专家，在充分调研企业生产和学校教学情况、广泛听取教师使用反馈意见的基础上，吸收和借鉴各地技工院校教学改革的成功经验，对现有全国高级技工学校电气自动化设备安装与维修专业教材进行了修订（新编）。

本次教材修订（新编）工作的重点主要体现在以下几个方面。

更新教材内容

◆ 根据企业岗位需求变化和教学实践，针对培养高级工的教学要求，确定学生应具备的知识与能力结构，调整部分教材内容，增补开发教材，合理设计教材的深度、难度、广度，充分满足技能人才培养的实际需求。

◆ 根据相关专业领域的最新技术发展，推陈出新，补充新知识、新技术、新设备、新材料等方面的内容，更新设备型号及软件版本。

◆ 根据现行的国家标准、行业标准编写教材，保证教材的科学性和规范性。

◆ 在专业课教材中进一步强化一体化教学理念，将工艺知识与实践操作有机融为一体，构建“做中学”“学中做”的学习过程；在通用专业知识教材中注重课堂实验和实践活动的设计，将抽象的理论知识形象化、生动化，引导教师不断创新教学方法，实现教学改革。

优化呈现形式

◆ 创新教材的呈现形式，尽可能使用图片、实物照片和表格等形式将知识点生动地展示出来，提高学生的学习兴趣，提升教学效果。

◆ 部分教材将传统黑白印刷升级为双色印刷或彩色印刷，提升学生的阅读体验。例如，《工程识图与 AutoCAD（第二版）》采用双色印刷，《安全用电（第二版）》《机械常识（第二版）》采用彩色印刷，使内容更加清晰明了，符合学生的认知习惯。

提升教学服务

为方便教师教学和学生学习，在原有教学资源基础上进一步完善，结合信息技术的发展，充分利用技工教育网这一平台，构建“1＋4”的教学资源体系，即 1 个习题册和二维码资源、电子教案、电子课件、习题参考答案 4 种互联网资源。

习题册——除配合教材内容对现有习题册进行修订外，还为多种教材补充开发习题册，进一步满足学校教学的实际需求。

二维码资源——在部分教材中，针对重点、难点内容制作微视频，针对拓展学习内容制作电子阅读材料，使用移动设备扫描即可在线观看、阅读。

电子教案——结合教材内容编写教案，体现教学设计意图，为教师备课提供参考。

电子课件——依据教材内容制作电子课件，为教师教学提供帮助。

习题参考答案——提供教材中习题及配套习题册的参考答案，为教师指导学生练习提供方便。

电子教案、电子课件、习题参考答案均可通过技工教育网（http://jg.class.com.cn）下载使用。

致谢

本次教材的修订（新编）工作得到了辽宁、江苏、山东、河南、湖北、广东、广西等省（自治区）人力资源社会保障厅及有关学校的大力支持，在此我们表示诚挚的谢意。

人力资源社会保障部教材办公室

2022 年 11 月

目　录

课题一 智能窗帘控制系统的安装与调试

任务1 ETS 软件的使用

学习目标

1. 熟悉智能家居的概念和分类，KNX 系统的发展、结构和优点。

2. 能根据工作任务联系单，明确工时、工作内容等要求，合理制订工作计划。

3. 能安装 ETS 软件，启动软件并设置语言，导入产品数据库，创建项目，添加设备（产品），修改并下载物理地址。

任务描述

传统的照明线路安装是将电源、漏电保护断路器、熔断器、插座、开关、照明灯具等元器件通过导线的逻辑连接构成相应的控制功能，一旦安装完毕，控制功能就固定下来，如果需要改变控制功能，就必须改变接线方式。随着技术的发展，智能家居、楼宇自动化等概念的提出，基于现场总线技术的智能家居系统应运而生。本任务旨在熟悉智能家居和 KNX 系统的概念及基础知识，掌握 ETS 软件的安装及基本操作。

相关知识

一、智能家居

1. 智能家居的概念

智能家居是以住宅为平台，利用先进的计算机技术、网络通信技术、综合布线技术、安全防范技术、自动控制技术、音视频技术，依照人体工程学原理，融合个性化需求，将与家居生活有关的各个子系统如安防控制、灯光控制、窗帘控制、煤气阀控制、地板采暖控制、信息家电控制等有机地结合在一起，通过网络化综合智能控制和管理，构建高效的住宅设施与家庭日常事务管理系统，提升家居的安全性、便利性、舒适性、艺术性，并实现节能环保的居住环境和以人为本的全新家居生活体验。

智能家居中，核心是系统的集成能力，即把安防控制、灯光控制、窗帘控制、煤气阀控制、地板采暖控制、信息家电控制等各个子系统完美地融合起来的能力。而系统的集成能力，很大程度上取决于该系统的开放性。这就需要一个通用的标准，或者一种大部分设备生产厂家都能认可并采用的“语言”，即控制协议。这就需要用到自动控制领域中的现场总线技术，这种技术要求控制与智能本地化、模块化，使控制系统的传感器与控制器都具有独立的运算、处理、发送信号（报文）的能力，既相互独立又相互联系。

2. 智能家居系统的分类

当前的智能家居系统，根据布线方式的不同，主要分为集中控制、现场总线控制、无线控制三种方式。

（1）集中控制方式的智能家居系统

集中控制方式的智能家居系统主要通过一个以单片机为核心的系统主机来构建，中央处理器（CPU）负责系统的信号处理，系统主板上集成一些外围接口单元，包括安防报警、电话模块、控制回路输入/输出（I/O）模块等电路。

集中控制方式的系统主板通常带有 8 路灯光和电器控制回路、8 路安防报警信号输入、3 ~4 路抄表信号接入等。由于系统容量的限制，一旦系统安装完毕，扩展控制回路比较困难。

集中控制方式的智能家居系统采用星型结构的布线方式，所有安防报警探头、灯光和电器控制回路必须接入主控箱，与传统室内布线相比增加了布线的长度，布线比较复杂。目前市场上这类产品较多。

（2）现场总线控制方式的智能家居系统

现场总线控制方式的智能家居系统通过总线来实现灯光、电器和安防报警系统的联网和信号传输，采用分散型现场控制技术控制网络内各功能模块，只需要将其就近接入总线即可，布线比较方便。

一般来说，现场总线控制大多支持任意拓扑结构的布线方式，即支持星型结构、总线型结构的布线方式。灯光控制回路、插座回路等线路的布线与传统室内布线完全一致。“一灯多控”在家庭中应用比较普遍，以往通常采用双控开关来实现，布线复杂且成本高；若通过现场总线控制，则完全不需要额外增加布线。现场总线控制是一种全分布式智能控制网络技术，其产品模块具有双向通信能力以及互操作性和互换性，其控制部件都可以编程。

典型的现场总线控制采用双绞线总线型结构，各网络节点都可以从总线上获得供电（DC 24 V），并通过同一总线实现节点间无极性、无拓扑逻辑限制的互联和通信，信号传输速率和系统容量也在不断提高。

现场总线控制方式的智能家居系统主要由电源模块、双绞线和功能模块三个基本部分组成。每个功能模块都连接在双绞线上，相互之间的连接不分极性。现场总线控制方式的智能家居系统从功能上可分为很多种类，常用的包括基本控制产品、灯光控制产品、电器控制产品、红外控制产品和安防控制产品等。

1）基本控制产品。主要包括电源模块、无线遥控接口、电话控制接口、电脑控制接口、以太网（TCP/IP）接口、安防控制和安防报警接口等，这些是现场总线控制方式的智能家居系统的基础，同时为其他总线控制产品提供接口平台。

2）灯光控制产品。这类产品以轻触式电子开关、调光器为代表，其特点是外观尺寸与正常开关相似，直接替换原来的开关便可实现照明系统的智能化改造，既可以调光又可以遥控，还可以产生不同的灯光组合以满足不同的照明需要。如果个别电子开关有故障，受影响的仅仅是故障开关所连接的那一部分，即使没有备用的电子开关，也可以换回原来的开关通过手动操作实现正常的功能。

3）电器控制产品。这类产品以可控插座为代表，与电子开关、调光器类似，该类产品也可以通过直接替换原来的插座来实现对电器控制的智能化改造。例如，将电饭锅、电热水壶、洗衣机等电器的电源接在可控插座上，便可以通过电子开关来控制上述电器，非常方便。可控插座分为自动和手动两种操作方式，如果系统失灵，还可以手动操作。

4）红外控制产品。这类产品主要用于控制空调、电视机等本身带有红外遥控器的家电。其具有红外信号的学习和记忆功能，可以通过连接在总线上的设备（如控制面板、定时器、遥控器、电话、网络设备等）实现空调的开/关、模式选择、温度调节等，电视机的开/关、音量调节、频道选择、播放、停止等操作。

5）安防控制产品。这类产品主要包括人体红外传感器、煤气泄漏传感器、烟雾火灾传感器和可视对讲系统等。这类产品的安装和使用比较简单，由于带有总线兼容标志，可以直接连接在总线上，并可利用基本控制系统中的电话控制接口、以太网接口和安防报警接口实现远程报警。此外，通过基本控制系统中的安防控制接口，普通的传感器也可以用在系统中。

（3）无线控制方式的智能家居系统

无线控制方式的智能家居系统主要包括遥控开关、高频电力载波类两类。

遥控开关又可分为电磁射频遥控开关、红外遥控开关两类。遥控开关是在传统开关的基础上增加遥控功能实现的。有些产品是在遥控器上增加可定时控制功能，但由于其功能单一，不应算作智能家居产品。

高频电力载波类智能家居系统是无线技术应用的代表。高频电力载波技术是利用 220 V 电力线将发射设备发出的高频信号传送给接收设备从而实现智能化的控制。高频信号传送技术将 120 kHz 的编码信号加载到 50 Hz 的电力线上，由发射设备将高频信号发送给接收设备，而每个接收设备都预先设定了一个地址码，因此使用高频电力载波类智能家居系统不需要额外布线，这是高频电力载波类智能家居系统最大的优势之一。

二、KNX

1. KNX 简介

KNX 是 Konnex 的缩写，其标志如图 1－1－1 所示。1999 年，EIBA（欧洲安装总线协会）、EHSA（欧洲家用电器协会）和 BCI（BatiBus 国际俱乐部）三大协会联合成立了 KNX 协会。该协会是在全球推广 KNX 技术和标准的国际组织。KNX 协会提出了 KNX 协议，制定了 KNX 标准。KNX 标准是家居和楼宇控制领域的开放式国际标准，是由欧洲三大总线协议 EIB、BatiBus 和 EHS 合并发展而来的。KNX 标准目前已被批准为欧洲标准（CENELEC EN 50090 & CEN EN 13321－1）、国际标准（ISO/IEC 14543－3）、美国标准（ANSI/ASHRAE 135）和我国推荐性国家标准（GB/T 20965—2013）。

图 1－1－1　KNX 标志

KNX 协议以 EIB 为基础，兼顾 BatiBus 和 EHS 的物理层规范，并吸收 BatiBus 和 EHS 中配置模式等优点，为家居和楼宇自动化提供了完全解决方案。KNX 工程设计和测试工具软件 ETS 由 KNX 协会发布，与设备（产品）生产厂家无关，提供多种通信介质（TP、PL、RF 和 IP）及系统配置模式（A 模式、E 模式、S 模式）。通过 KNX 系统，对家居和楼宇的照明系统、遮光/窗帘系统、视频/音频系统、空调系统、供暖系统、安防系统、信号/监控系统等进行控制。

综上所述，KNX 是一个国际标准，是一种现场总线控制系统，集合了家居和楼宇控制的各项功能，具有灵活、安全、舒适、节能的特点。

KNX 标准具有以下优势：不同厂家生产的不同性能的产品可以实现互操作，而且通过了严格的质量控制和第三方的 KNX 认证，进一步保证了产品质量；KNX 标准功能丰富，具有广泛的适用性。

2. KNX 系统的结构

如图 1－1－2 所示，KNX 系统通过一条总线将所有的设备连接起来，每个设备均可独立工作，同时又可通过中控计算机进行集中监视和控制。通过计算机编程的各设备既可独立完成开/关、控制、监视等工作，又可根据要求进行不同组合，实现不增加设备数量而功能可灵活改变的效果。

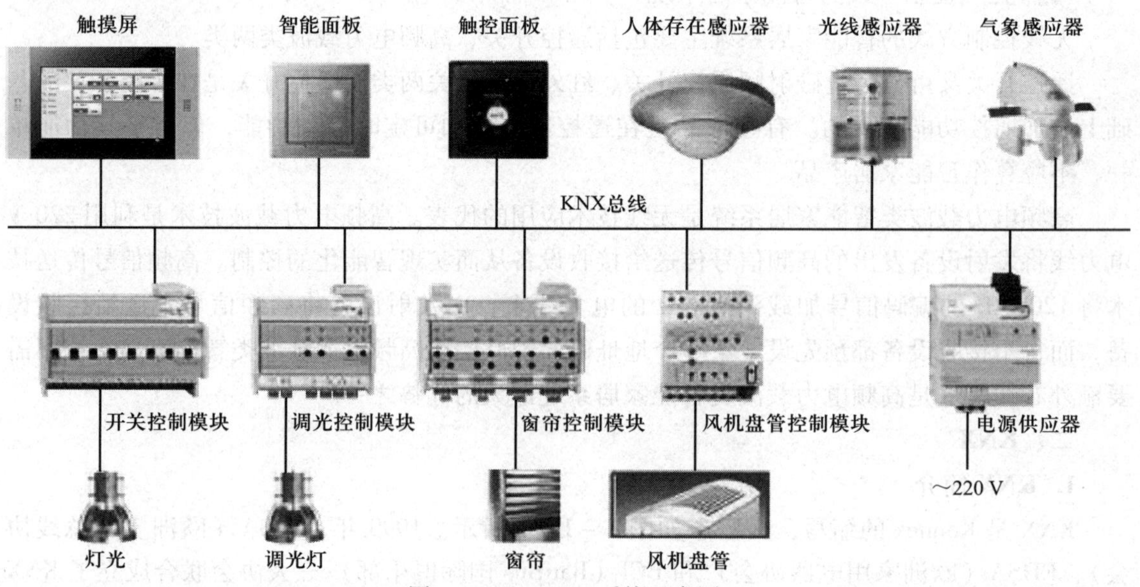

图 1－1－2　KNX 系统示意图

3. KNX 系统的优点

（1）集成

可对灯光、窗帘、空调、地暖等进行集成式控制。

（2）舒适

创造安全、健康、宜人的生活、工作环境。

（3）节能

在满足用户对环境要求的前提下，尽量利用自然光、人员活动来调节室内照明和环境温度，最大限度地减少能量消耗。

（4）灵活

能满足用户对不同环境功能的多种要求，KNX 系统是开放式、大跨度框架结构，允许用户迅速、方便地改变建筑物的使用功能或重新规划建筑平面。

（5）经济

自动提供实现节能运行与管理的必要条件，可大量减少管理与维护人员，降低管理费用，提高劳动效率和管理水平。

（6）安全

与消防系统进行联动，当消防报警时，可将正常照明回路强行切断、应急回路强行接通，从而降低火灾风险，提高建筑物的安全性。

三、ETS 软件的安装与调试

ETS 软件是 KNX 系统安装与调试的重要部分，总线上各个设备的参数设置和应用程序下载都要使用此软件。

1. 获取 ETS 软件安装程序

ETS 软件有多个版本，演示版只允许添加最多五个设备，添加五个以上设备时需要购买密钥。本书以 ETS5 版本为例，介绍安装与使用方法。ETS5 软件安装程序（Ets5Setup. exe）图标如图 1－1－3 所示。

图 1－1－3　ETS5 软件安装程序图标

2. 安装 ETS 软件

ETS5 软件安装流程如图 1－1－4 所示。

（1）双击安装程序图标，弹出“欢迎使用 KNX ETS v5. 6. 5 安装”对话框，勾选“我已阅读并同意了许可证书条款”，单击“安装”按钮，弹出“正在安装…”对话框。

（2）在“正在安装…”对话框状态等待几分钟，弹出“已成功安装”对话框；也可以单击“取消”按钮，停止安装。

（3）在“已成功安装”对话框单击“关闭”按钮，完成安装。

注意：有的计算机首次安装完成后会弹出“请重启 Windows”对话框，单击“现在重启 Windows”按钮即可完成安装。

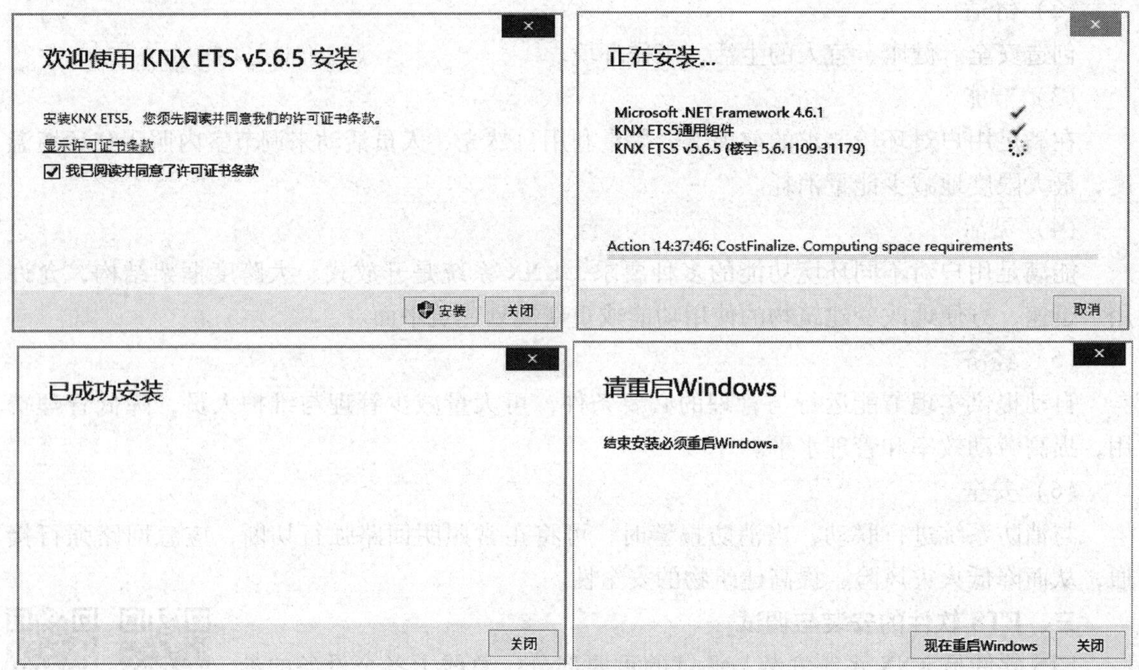

图 1－1－4　ETS5 软件安装流程

3. 启动 ETS 软件

（1）ETS5 软件安装完成后，将在计算机桌面上创建一个“ETS5”快捷方式图标（见图 1－1－5），同时在“开始”菜单→“所有程序”→“KNX”文件夹中创建“ETS5”选项。双击“ETS5”快捷方式图标或单击“ETS5”选项，即可启动 ETS5 软件。

图 1－1－5　ETS5 软件快捷方式图标

（2）进入软件界面

双击计算机桌面上的“ETS5”图标，启动 ETS5 软件，进入图 1－1－6 所示英文显示界面。

（3）设置语言

如果 ETS5 软件首次启动后进入英文显示界面，可以将其设置为中文显示。如图 1－1－7 所示，在软件初始界面单击“Settings”标签，单击选择“Language”标签，单击“ETS Language”的下拉选择框，选择“Simplified Chinese（中国话）”选项，弹出“ETS Language”对话框，单击“Restart”按钮，软件会自动关闭并重新打开，变更为中文显示界面。

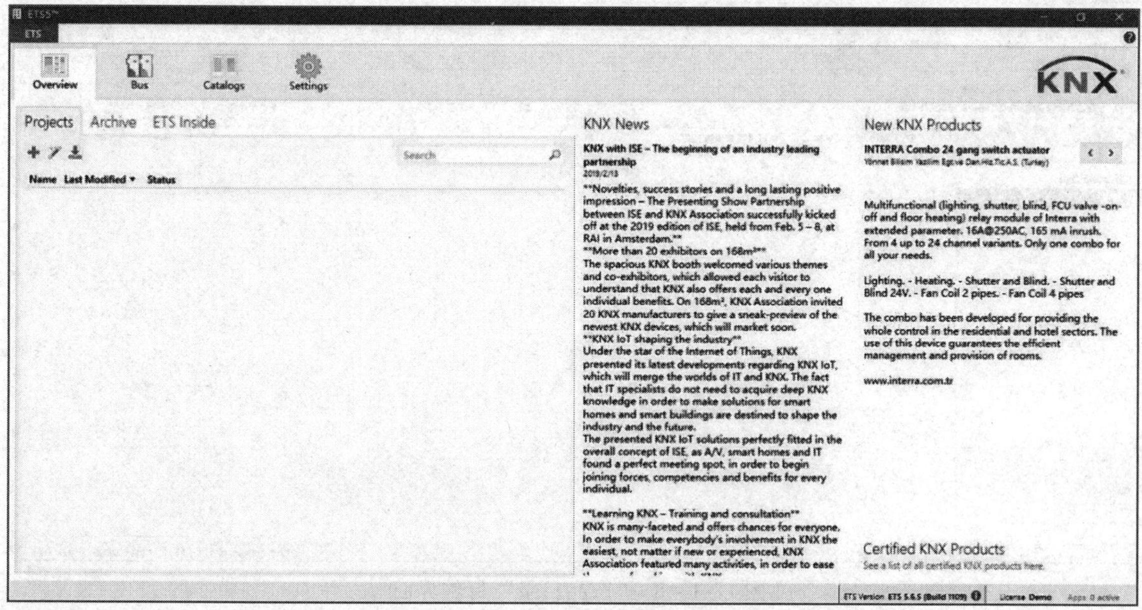

图 1－1－6　ETS5 软件英文显示界面

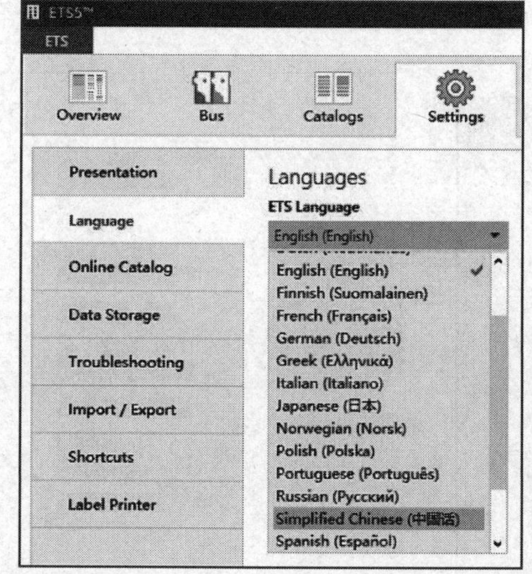

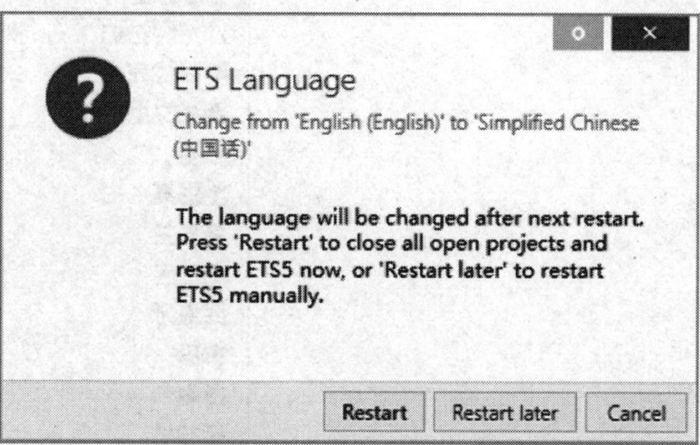

图 1－1－7　ETS5 软件设置中文显示

4. 导入产品数据库

ETS5 软件支持在线导入产品目录和数据库，也可以从各生产厂家网站下载产品数据库文件并导入产品。

（1）在线导入产品目录和数据库

启动 ETS5 软件，单击“产品目录”标签，进入图 1－1－8 所示的“产品目录”标签界面。

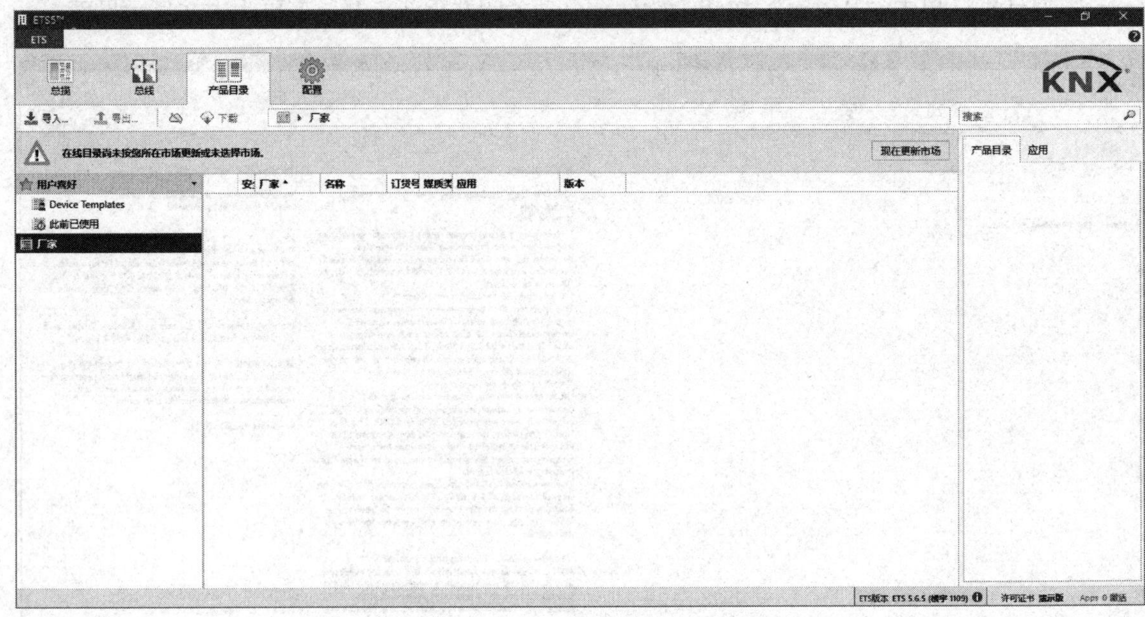

图1-1-8 “产品目录”标签界面

如果软件提示“在线目录尚未按您所在市场更新或未选择市场。”，则单击“现在更新市场”按钮，在“选择市场”的下拉选择框中，选择“中国”选项，如图1-1-9所示。

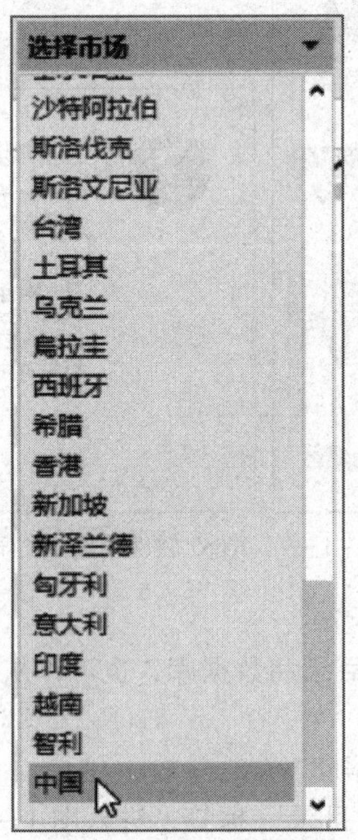

图1-1-9 选择市场操作

市场更新完成后，“产品目录”标签界面会显示各个厂家的最新产品目录列表，如图 1－1－10 所示。

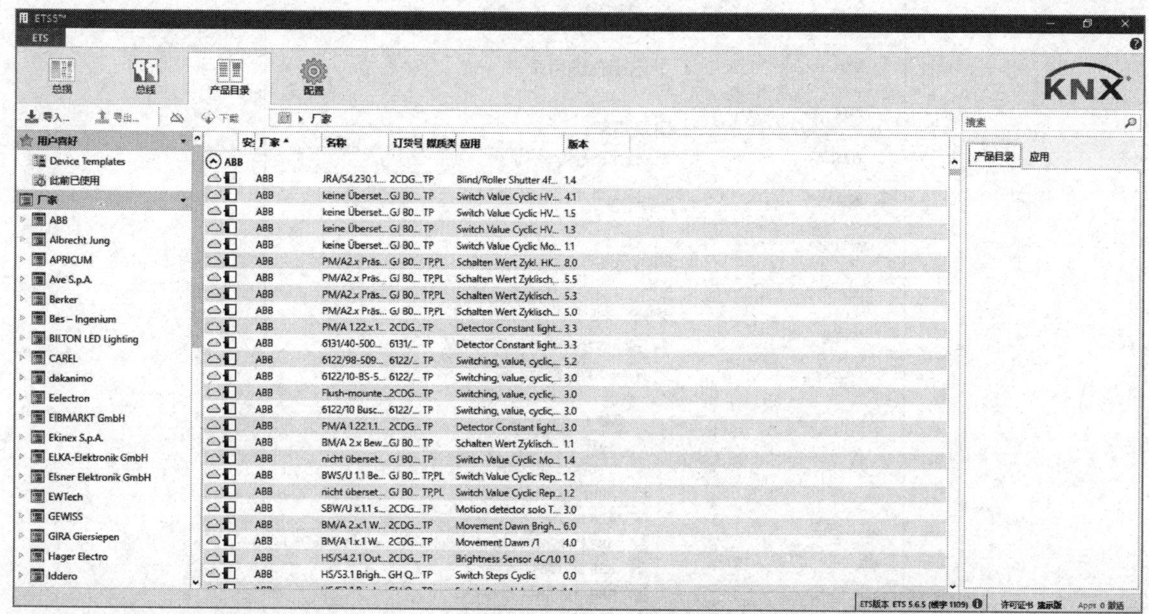

图 1－1－10　厂家最新产品目录列表

在线导入的只是产品目录，产品数据库并未下载导入。在产品目录列表中的每个产品前面都有一个云符号图标，表示该产品数据库并未下载到本地，可以在左侧厂家列表中选择厂家或者在产品列表中选择产品，然后单击下载按钮图标将所选择厂家的全部产品或者所选择的产品数据库下载到本地。

产品数据库下载导入后，产品前面的云符号图标消失。如图 1－1－11 所示，前面带云符号图标的产品为未导入数据库的产品，不带云符号图标的产品为已导入数据库的产品。可以通过隐藏在线产品目录图标来选择显示或隐藏在线产品目录。

☁	Schneider Electric Industries SAS	MTN6005-0001	TP	CO2-,Humidity-&Temp...	1.1	KNX CO², Humidity and Temperature Sensor
☁	Schneider Electric Industries SAS	MTN6005-0001	TP	CO2-,Humidity-&Temp...	1.1	KNX CO², Humidity and Temperature Sensor
☁	Schneider Electric Industries SAS	MTN6216-5910	TP	Multitouch with RTCU 1...	1.4	Multitouch Pro System Design
	Schneider Electric Industries SAS	MTN6215-0310	TP	Multitouch with RTCU 1...	1.1	Multitouch Pro System M
	Schneider Electric Industries SAS	MTN6215-5910	TP	Multitouch with RTCU 1...	1.1	Multitouch Pro System Design
	Schneider Electric Industries SAS	MTN6003-0001	TP	Switching FM 2072/0.1	0.1	KNX-Switch actuator 16A FM w. 2 Inp.
	Schneider Electric Industries SAS	MTN629993	TP	Switch Logic Time Scen...	1.1	Switch actuator UP/230/16

图 1－1－11　产品目录（包含未导入和已导入数据库的产品）

如图 1－1－12 所示，在“配置”标签→“在线目录”标签界面，可以设置是否“启用在线目录”，设置是否“自动下载目录更新”及自动更新周期，可以单击“现在更新”按钮获得各厂家最新产品目录，可以选择更改市场，设置是否“只显示包含选择的产品语言的产品”和“只显示下列制造商的产品”及特定制造商等。

（2）通过产品数据库文件导入产品

1）从生产厂家网站上下载所需的产品数据库文件。

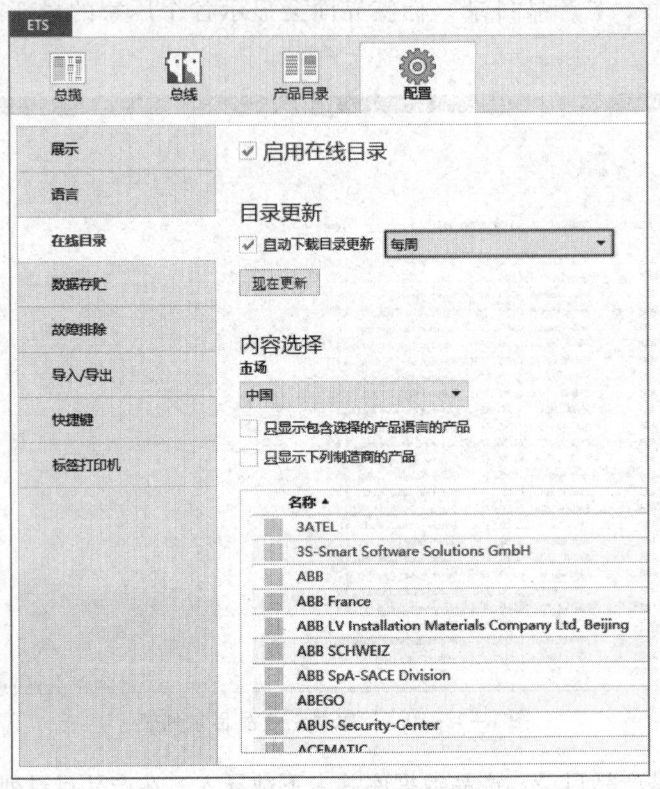

图 1－1－12 “在线目录”标签界面

2）单击“产品目录”标签界面的导入按钮图标，弹出“打开项目文件”对话框，如图 1－1－13 所示，选择并打开所需的产品数据库文件。

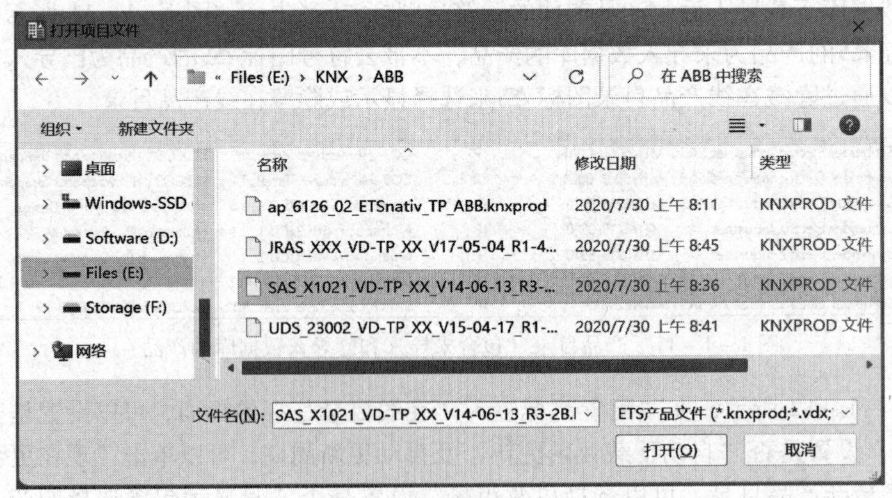

图 1－1－13 “打开项目文件”对话框

3）弹出“选择产品导入”对话框，如图 1－1－14 所示，可以根据需要选择部分产品后单击“导入选择的产品”按钮导入相应的产品，也可以单击“导入所有的产品”按钮导入全部产品。

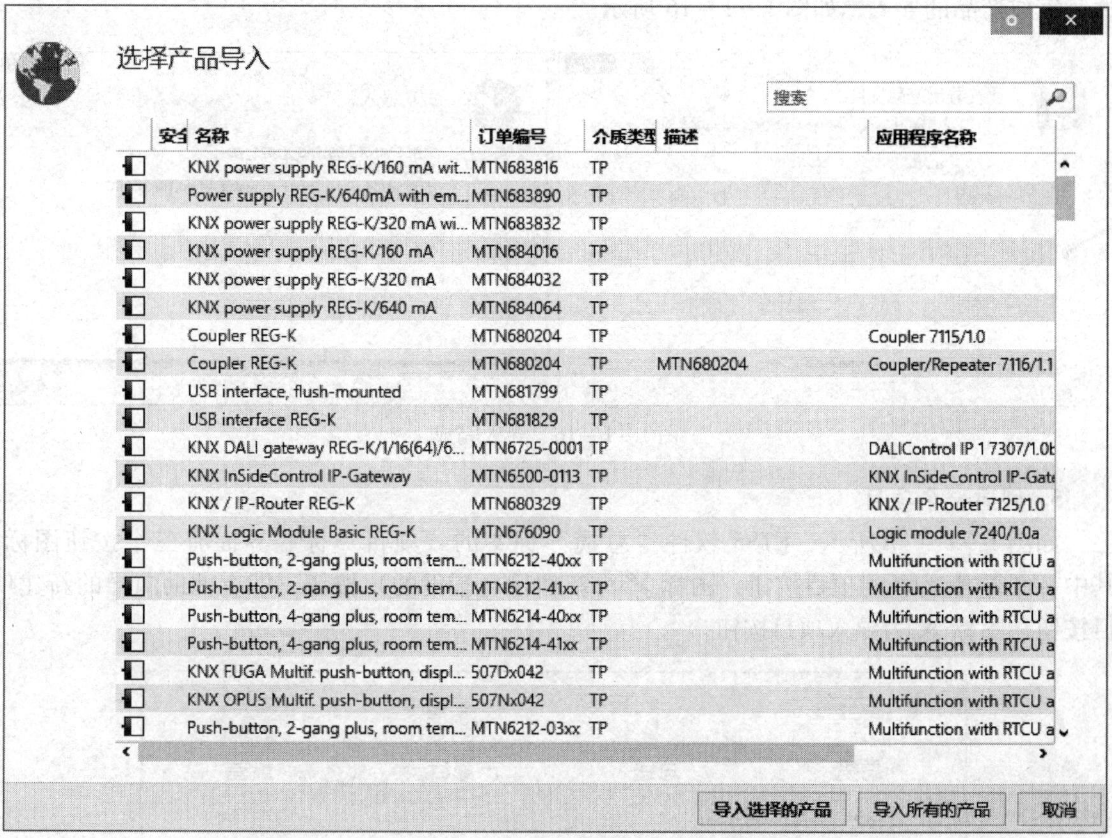
选择产品导入
搜索
安全 名称 订单编号 介质类型 描述 应用程序名称
KNX power supply REG-K/160 mA wit... MTN683816 TP
Power supply REG-K/640mA with em... MTN683890 TP
KNX power supply REG-K/320 mA wi... MTN683832 TP
KNX power supply REG-K/160 mA MTN684016 TP
KNX power supply REG-K/320 mA MTN684032 TP
KNX power supply REG-K/640 mA MTN684064 TP
Coupler REG-K MTN680204 TP Coupler 7115/1.0
Coupler REG-K MTN680204 TP MTN680204 Coupler/Repeater 7116/1.1
USB interface, flush-mounted MTN681799 TP
USB interface REG-K MTN681829 TP
KNX DALI gateway REG-K/1/16(64)/6... MTN6725-0001 TP DALIControl IP 1 7307/1.0b
KNX InSideControl IP-Gateway MTN6500-0113 TP KNX InSideControl IP-Gate
KNX / IP-Router REG-K MTN680329 TP KNX / IP-Router 7125/1.0
KNX Logic Module Basic REG-K MTN676090 TP Logic module 7240/1.0a
Push-button, 2-gang plus, room tem... MTN6212-40xx TP Multifunction with RTCU a
Push-button, 2-gang plus, room tem... MTN6212-41xx TP Multifunction with RTCU a
Push-button, 4-gang plus, room tem... MTN6214-40xx TP Multifunction with RTCU a
Push-button, 4-gang plus, room tem... MTN6214-41xx TP Multifunction with RTCU a
KNX FUGA Multif. push-button, displ... 507Dx042 TP Multifunction with RTCU a
KNX OPUS Multif. push-button, displ... 507Nx042 TP Multifunction with RTCU a
Push-button, 2-gang plus, room tem... MTN6212-03xx TP Multifunction with RTCU a
导入选择的产品
导入所有的产品
取消

图 1－1－14　“选择产品导入”对话框

4）弹出“选择产品语言”对话框，如图 1－1－15 所示，可以选择一种语言后单击“导入选择的语言”按钮导入相应的语言，也可以单击“导入所有的语言”按钮导入全部语言。

选择产品语言
语言
英语
德语(德国)
波兰语(波兰)
意大利语(意大利)
俄语(俄罗斯)
英语(美国)
法语(法国)
西班牙语(西班牙)
荷兰语(荷兰)
导入选择的语言
导入所有的语言
取消

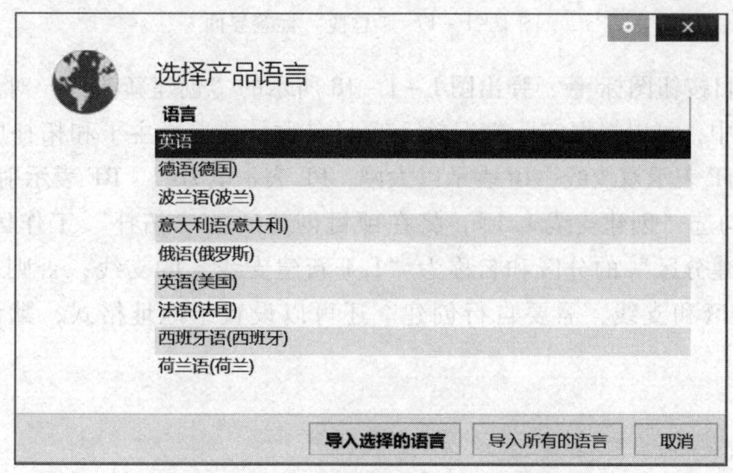

图 1－1－15　“选择产品语言”对话框

5）弹出“正在导出产品文件…”对话框，等待几分钟之后，弹出“成功导入。”对话框，完成产品的导入，如图 1－1－16 所示。

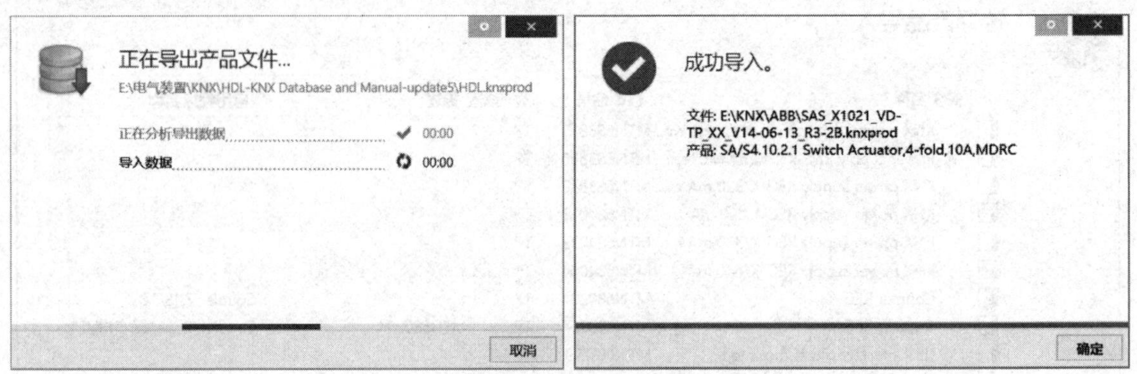

图 1－1－16　导入完成

5. 创建一个项目

如图 1－1－17 所示，ETS5 软件“总揽”标签的“项目”标签界面有三个按钮图标。其中，图标 ➕ 为新建项目按钮；图标 🪄 为新项目（辅助的）按钮，即有辅助向导的新建项目按钮；图标 📥 为导入项目按钮。

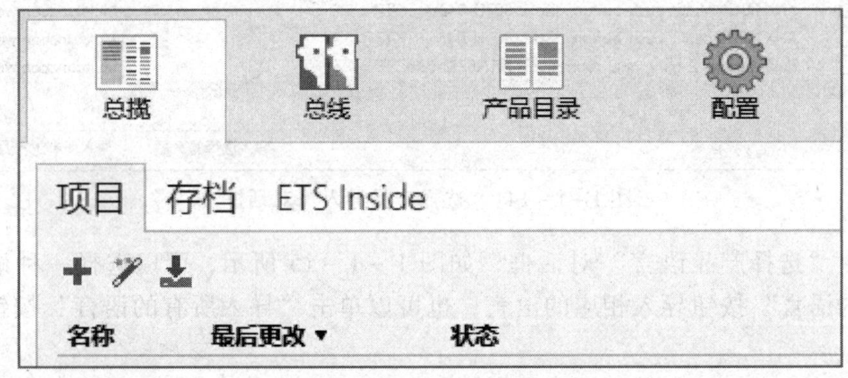

图 1－1－17　“总揽”标签界面

单击新建项目按钮图标 ➕，弹出图 1－1－18 所示的“创建新项目”对话框。在“创建新项目”对话框中，可以根据实际情况输入项目名称，并选择主干和拓扑所使用的传输介质类型，其中，TP 表示双绞线，IP 表示以太网，PL 表示电力线，RF 表示射频无线电。“拓扑”① 参数默认勾选“创建支线 1.1”，将在项目创建后的“拓扑”工作区面板中直接生成名称为“1 新建分区”的分区和名称为“1.1 新建支线”的支线；否则，“拓扑”工作区面板中没有分区和支线，需要自行创建。还可以设置组地址格式，默认选择“三级”组地址。

① ETS 软件汉化为“拓补”，规范术语为“拓扑”，下同。

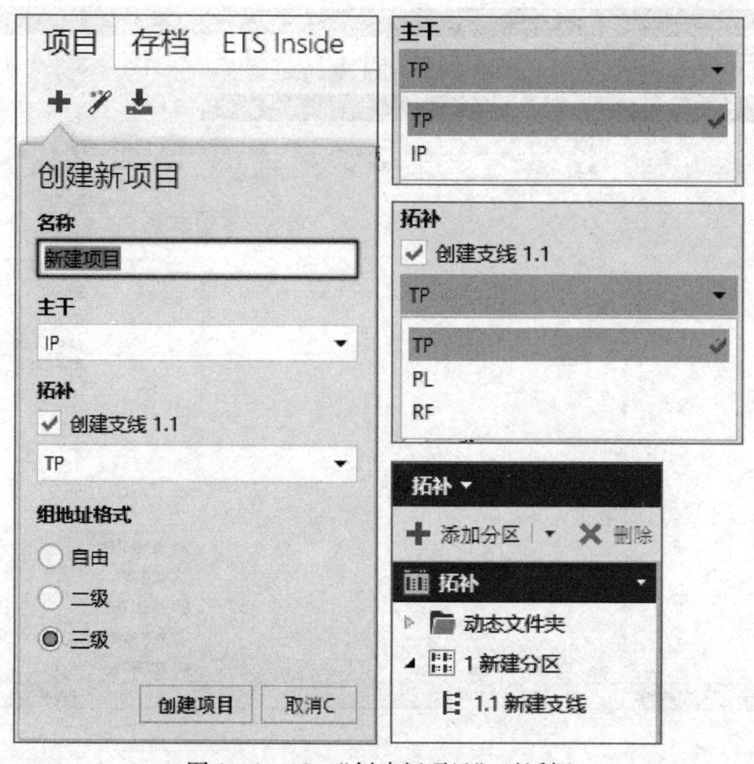

图 1-1-18　“创建新项目”对话框

设置完成后，单击“创建项目”按钮，完成项目的创建。项目设计界面和软件初始界面之间的切换可以通过绿色的“ETS”按钮 ETS 实现，如图 1-1-19 所示。

6. 切换工作区面板

项目设计界面默认为“建筑”工作区面板，可以在“工作区”菜单、主工具栏“工作区”按钮和工作区面板左上角“建筑”右侧下三角的下拉菜单中切换工作区面板。

（1）“建筑”工作区面板

如图 1-1-20 所示，“建筑”工作区面板是 ETS5 软件的主要工作区。在“建筑”工作区面板中，可以根据实际的建筑结构，完成 KNX 项目的构建和设备的插入工作。构建建筑时，可以使用以下元素：建筑局部、楼层、楼梯、房间、走廊等。其中，建筑局部和楼层仅用于结构，不能直接添加任何设备。设备可以插入楼梯、房间、走廊或者杂物间等内部。

（2）“群组地址”工作区面板

群组地址简称组地址，是为了在设备各通道（组对象）之间建立连接而设置的编码方式，用于明确功能特征。KNX 系统编程主要指对设备的参数进行设置和将各个设备的组对象通过群组地址连接起来，KNX 系统内设备之间的控制信号传递通过相同数据长度的组地址实现。三级组地址结构为“主/中/子”，每一级之间用“/”（斜线）隔开，如“1/1/1”。

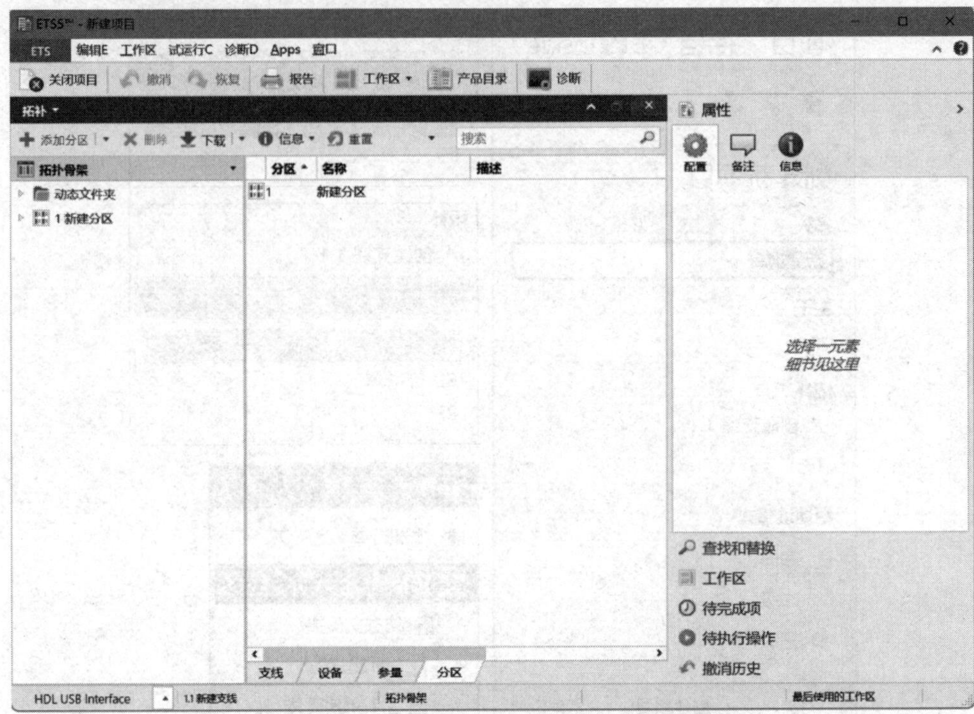

a）

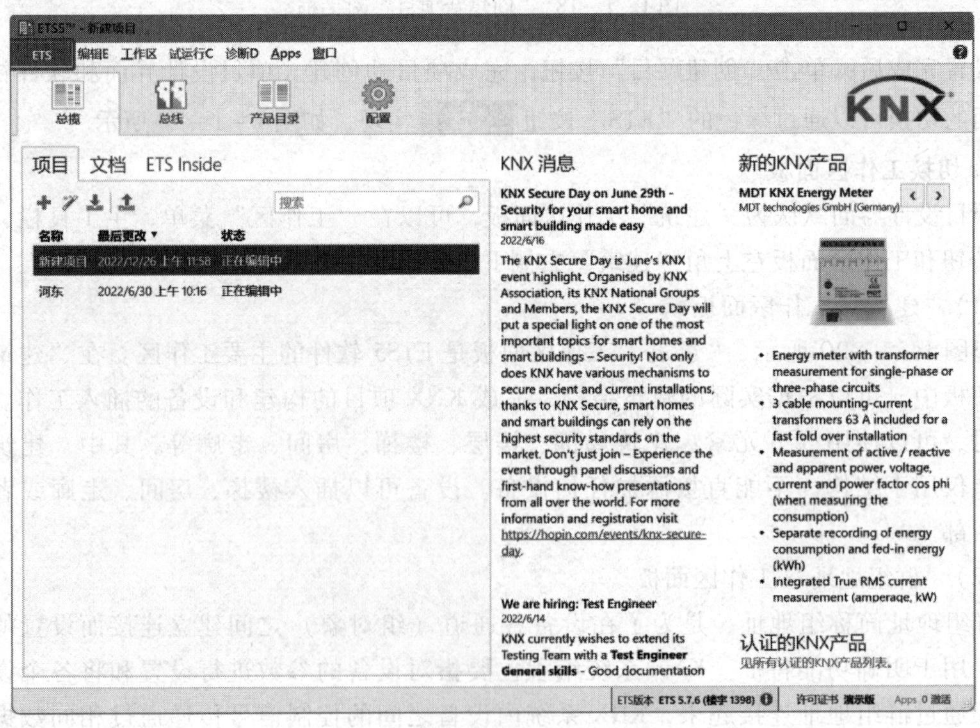

b）

图 1－1－19　项目设计界面和软件初始界面的切换

a）项目设计界面　b）软件初始界面

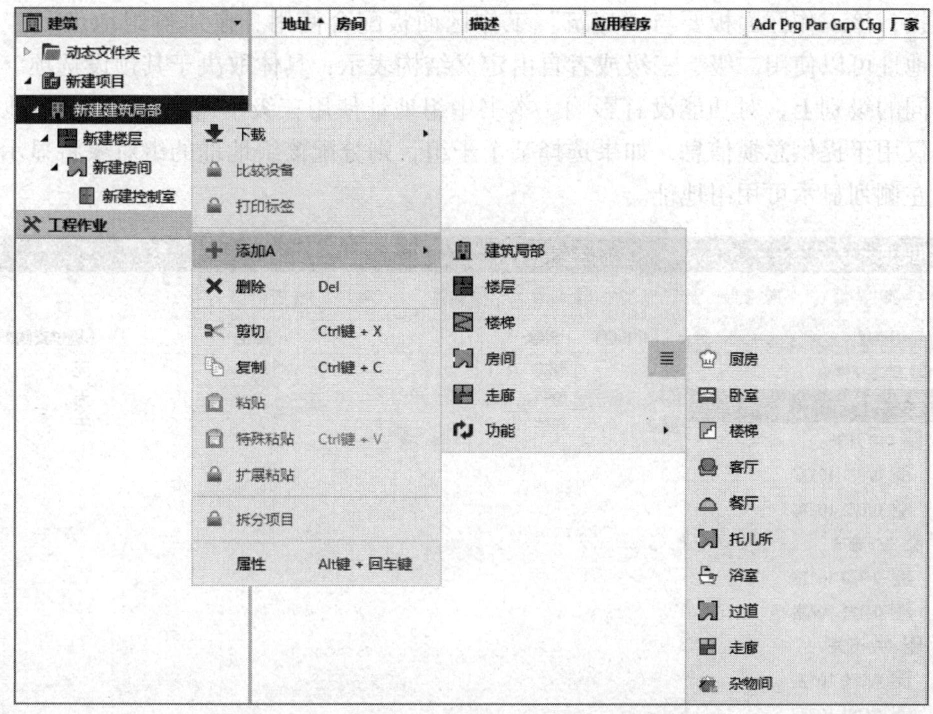

图 1－1－20　“建筑”工作区面板

在 ETS 软件的项目属性中可以设置或修改各个项目的组地址为二级组地址结构、三级组地址结构或自由定义结构。注意：组地址“0/0/0”保留，用于广播信号（报文），用户不可用。

用户可以根据项目需要决定如何使用各个级。例如，主组 = 楼层，中间组 = 功能域（如照明），子组 = 相关设备，则组地址分配如下：

1/＊/＊ 一层

1/1/＊　照明

1/1/1　智能面板

1/1/2　开关控制模块

所有项目都必须严格遵守已经选定的组地址结构。各个组地址都可以按需分配给各个设备，分配过程与设备的安装位置无关。注意：当主组地址使用 14、15 时，耦合器不对这些组地址信号进行过滤，可能影响 KNX 系统的动态响应性能。

KNX 系统中常用的数据长度有 1 bit、4 bit、1 byte、2 byte 等。例如：开关量需要 1 bit 数据长度，用 0/1 就可以控制；调光量需要 4 bit 数据长度，具体的亮度值、窗帘位置等需要 1 byte 数据长度，数值显示、照度值需要 2 byte 数据长度。ETS 软件只允许组地址连接具有相同数据长度的组对象，也就是说，相同数据长度的组对象才可以绑定同一个组地址。执行器中执行动作类组对象可以监听多个组地址，即分配多个组地址后，任一组地址收到执行信号均能执行相应动作；智能面板、感应器或执行器中发送控制信号类组对象仅能发送一个组地址信号，即使分配多个组地址，也只有一个组地址可以发送信号。

如图 1－1－21 所示，“群组地址”工作区面板用于生成并定义组地址，实现组对象彼此间的连接，该工作区面板要与“建筑”工作区面板配合使用。在“群组地址”工作区面板中，组地址可以使用二级、三级或者自由定义结构表示，具体取决于其预设选项。组地址表示在不同的级别上，对功能没有影响。本书中组地址使用三级结构表示。“群组地址”工作区面板仅用于提供总揽信息，如果选择某个子组，则分配该组地址的组对象将显示在右侧列表中，左侧列显示可用组地址。

中间组	名称	描述	通过支线耦
0	开关		无
1	窗帘		无
2	开关		无

图 1－1－21 “群组地址”工作区面板

（3）“拓扑”工作区面板

如图 1－1－22 所示，“拓扑”工作区面板用于定义实际的总线结构，是最常用的工作区面板，添加设备并为设备分配物理地址、设置参数，为设备组对象分配群组地址等工作都需要在此工作区面板中完成。该工作区面板可以与其他工作区面板同时使用，也可以显示与总线结构有关的 KNX 项目。双绞线、电力线和以太网线路，采用不同的符号表示。左侧列显示 KNX 项目的当前总线结构，右侧列表显示左侧列中选中的设备组对象或设备参数信息。

序号	名称	对象功能	描述	群组地址	长度	C	R	W	T	U	数据类型	优先级
0	Switch object A	Push-button 1			1 bit	C	-	W	T	-		低
3	Switch object A	Push-button 2			1 bit	C	-	W	T	-		低
6	Switch object A	Push-button 3			1 bit	C	-	W	T	-		低
9	Switch object A	Push-button 4			1 bit	C	-	W	T	-		低
12	Switch object A	Push-button 5			1 bit	C	-	W	T	-		低
15	Switch object A	Push-button 6			1 bit	C	-	W	T	-		低
18	Switch object A	Push-button 7			1 bit	C	-	W	T	-		低
21	Switch object A	Push-button 8			1 bit	C	-	W	T	-		低
37	External temperature	Display of extern. te...			2 bytes	C	-	W	T	-		低
38	Fan status automatic	Display of automatic...			1 bit	C	-	W	-	-		低
39	Fan 0-100 %	Display of fan step			1 byte	C	-	W	-	-		低
68	Time object input	Time control			3 bytes	C	-	W	-	-		低
69	Date object input	Time control			3 bytes	C	-	W	-	-		低

图 1－1－22 “拓扑”工作区面板

（4）“设备”工作区面板

如图 1－1－23 所示，项目的全部设备（含尚未分配给房间、功能或者线路的设备）都显示在“设备”工作区面板，通过该工作区面板可以更加方便地全面掌握项目信息和设备信息。

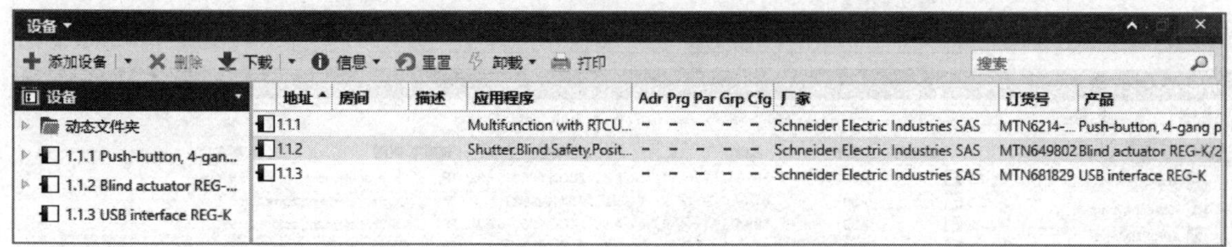

图 1－1－23　“设备”工作区面板

（5）“项目根”工作区面板

如图 1－1－24 所示，“项目根”工作区面板就是把正在编辑项目的“建筑”“拓扑”“群组地址”“设备”工作区面板中的左侧列内容罗列在其左侧列中。

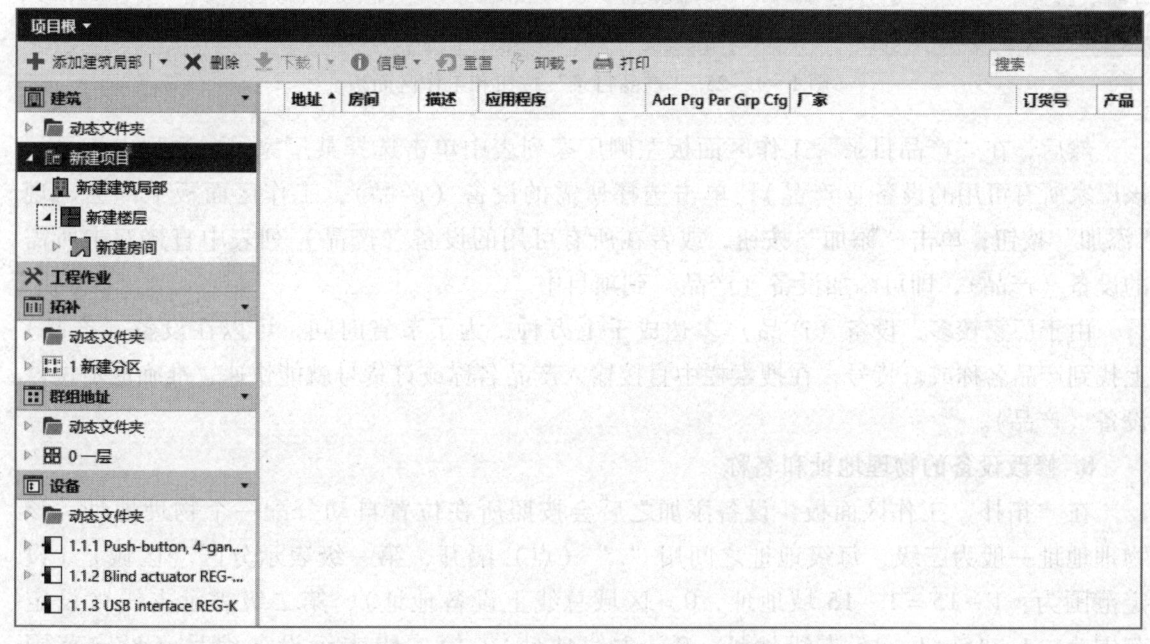

图 1－1－24　“项目根”工作区面板

7. 添加设备（产品）

在 ETS5 软件中导入了生产厂家的产品后，还要在创建的项目中添加设备（产品）。

以在“拓扑”工作区面板中添加设备（产品）为例，首先，在“拓扑”工作区面板单击主工具栏中的“产品目录”按钮，或者单击主工具栏中的“工作区”→“产品目录”按钮，弹出“产品目录”工作区面板，如图 1－1－25 所示。

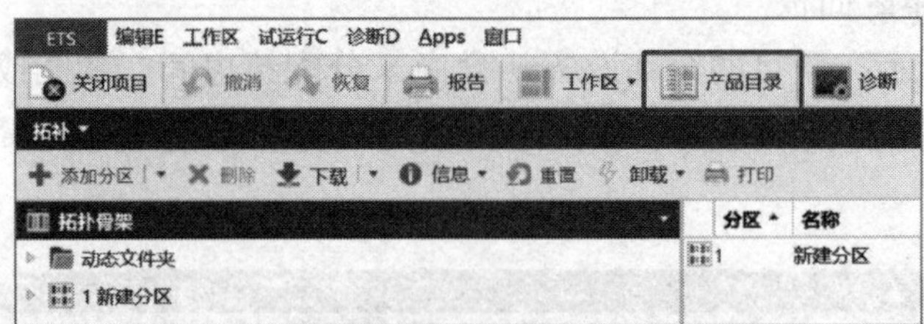

图 1－1－25 “产品目录”按钮和工作区面板

然后，在“产品目录”工作区面板左侧厂家列表中单击选择某厂家，右侧列表将显示该厂家所有可用的设备（产品）；单击选择所需的设备（产品），工作区面板下部会出现“添加”按钮；单击“添加”按钮，或者在所有可用的设备（产品）列表中直接双击所需的设备（产品），即可添加设备（产品）到项目中。

由于厂家较多，设备（产品）多达成千上万种，为了节省时间，可以在设备（产品）上找到产品名称或订货号，在搜索栏中直接输入产品名称或订货号就能快速、准确地定位该设备（产品）。

8. 修改设备的物理地址和名称

在“拓扑”工作区面板，设备添加之后会按照所在位置自动分配一个物理地址，该物理地址一般为三级，每级地址之间用“.”（点）隔开，第一级表示分区（区域）（设定范围为：1～15＝1～15 域地址，0＝区域总线上设备地址），第二级表示支线（设定范围为：1～15＝1～15 支线地址，0＝主线地址），第三级表示设备编号（设定范围为：1～255＝支线上设备地址，0＝耦合器地址）。例如，物理地址 1.1.1 表示第 1 个分区（区域）中第 1 条支线上的编号为 1 的设备。如果需要修改物理地址，可以在右侧属性栏进行修改，在“拓扑”工作区面板左侧列中分别选中分区（区域）、支线、设备后，即可在右侧“属性”→“配置”标签界面修改相应的名称、地址和添加描述，如图 1－1－26 所示。设备的物理地址更改后，将自动分配给总线结构中的其他支线或其他分区（区域）。

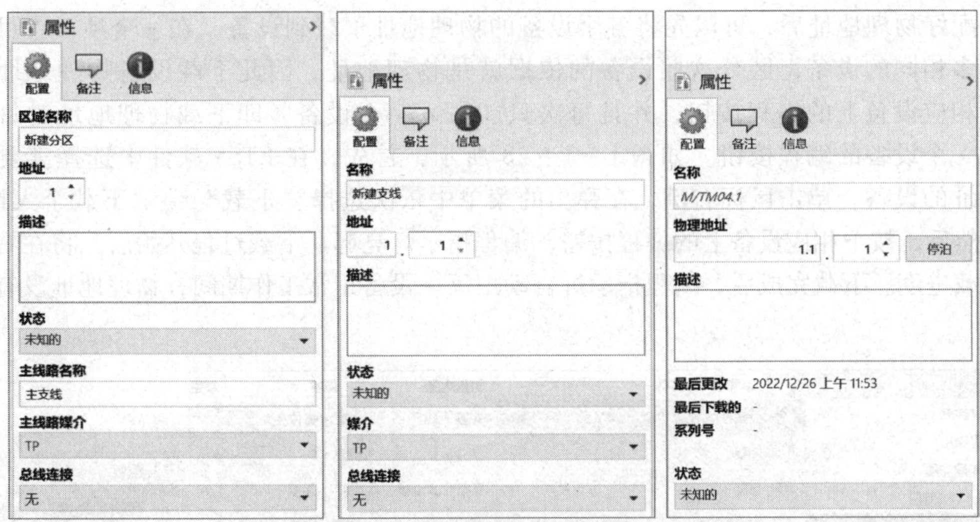

图 1－1－26　修改物理地址

9. 下载物理地址

KNX 系统的编程和诊断要借助计算机进行，与计算机通信的方式通常有两种：

（1）通过 IP 网关连接，用网线实现通信。

（2）通过 USB 接口连接，用 USB 数据线实现通信。

下载物理地址之前，应先把计算机通过接口模块连接到 KNX 系统上，如使用 USB 数据线连接。连接好后，在 ETS5 软件中切换到“总线”标签界面，选择“连接”下的“接口”标签，在“已发现接口”中出现“KNX-USB Data Interface（Merten）”，如图 1－1－27 所示。双击该接口可添加到“当前接口”中，右侧出现设置选项，应对当前接口设置独立地址并避免与其他设备冲突，设置完成后单击右下角“测试”按钮，如出现绿色“OK”提示，则说明连接成功。

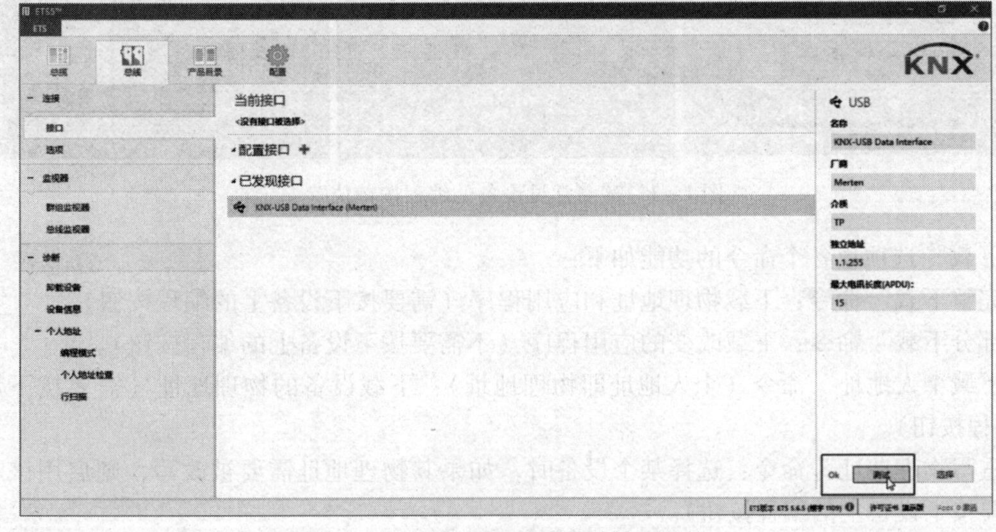

图 1－1－27　KNX 系统与计算机连接

分配好物理地址后，可以先将各个设备的物理地址下载到设备。在一个项目中可能会用到很多相同的设备，区分这些设备的依据就是物理地址，因此下载设备物理地址时需要按下相应设备上的编程按钮，并且每次只能写入一个设备，即下载物理地址时每次只能按下一个设备的编程按钮。如图 1－1－28 所示，首先，在 ETS5 软件中选择需要下载物理地址的设备，单击鼠标右键，在弹出的菜单中依次选择“下载”→“下载个人地址”命令。然后，按下相应设备上的编程按钮，编程指示灯亮起。下载过程开始后，将在右侧栏显示下载进度。下载完成后，编程指示灯自动熄灭。设备正常工作期间，物理地址没有任何作用。

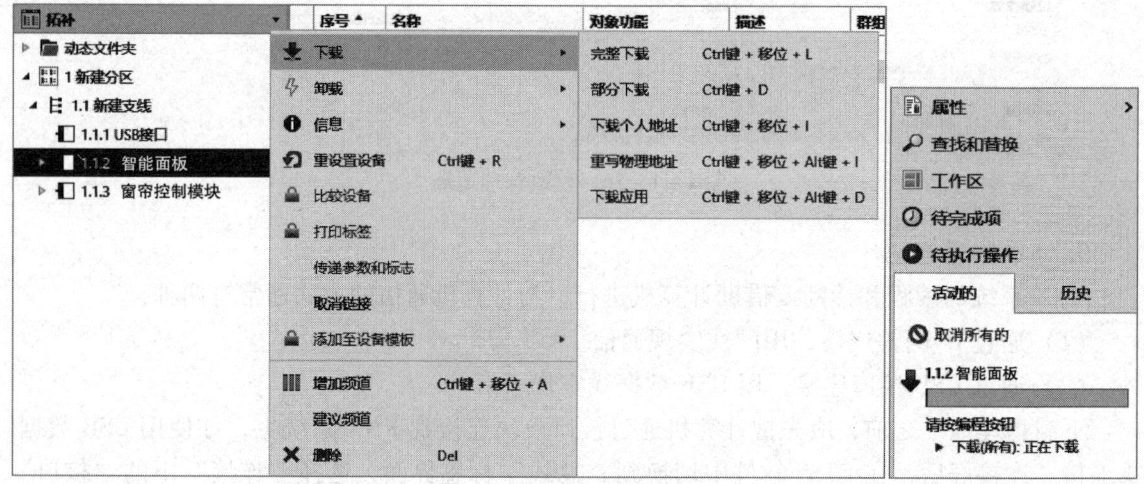

图 1－1－28　下载物理地址

如图 1－1－29 所示，不同设备的编程按钮位置、外观有所区别，有的在设备正面，有的在设备背面，有的在孔里，有的是按键，一般情况下编程按钮都会有指示灯。

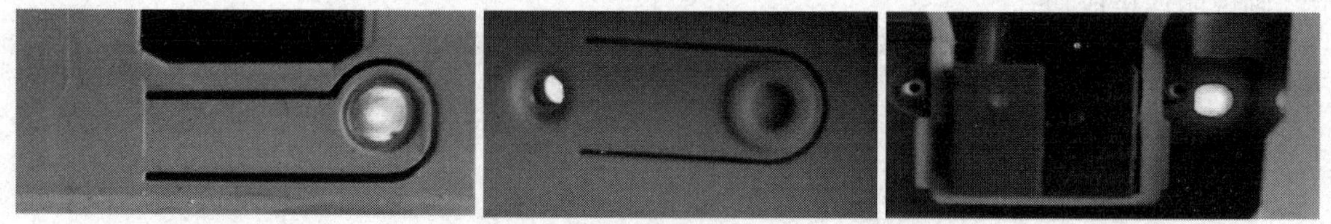

图 1－1－29　常见设备的编程按钮位置

“下载”选项里各个命令的功能如下：

“完整下载”命令：下载物理地址和应用程序（需要按下设备上的编程按钮）。

“部分下载”命令：下载改变的应用程序（不需要按下设备上的编程按钮）。

“下载个人地址”命令（个人地址即物理地址）：下载设备的物理地址（需要按下设备上的编程按钮）。

“重写物理地址”命令：选择某个设备时，如果其物理地址需要被改写，则启用该功能（不需要按下设备上的编程按钮）。

“下载应用”命令：下载应用程序（不需要按下设备上的编程按钮）。

任务实施

一、明确任务

工作任务联系单见表 1－1－1。

表 1－1－1　　　　　　　　　　　　工作任务联系单

<table>
<tr><td rowspan="3">申报项目</td><td>申报地点</td><td></td><td>申报人</td><td></td><td>联系电话</td><td></td></tr>
<tr><td>申报事项</td><td colspan="5">KNX 智能家居施工团队更换一台计算机，需要在计算机中安装 ETS 软件并调试至运行正常</td></tr>
<tr><td>申报时间</td><td></td><td>要求完成时间</td><td></td><td>派单人</td><td></td></tr>
<tr><td rowspan="4">安装调试项目</td><td>接单人</td><td></td><td>开始时间</td><td></td><td>完成时间</td><td></td></tr>
<tr><td colspan="2">所需器材</td><td colspan="4">计算机、USB 数据线等</td></tr>
<tr><td colspan="2">安装位置</td><td colspan="4"></td></tr>
<tr><td colspan="2">实施建议</td><td colspan="4">调试网络是否畅通，做好实施准备</td></tr>
<tr><td rowspan="2">验收项目</td><td colspan="6">实施人员工作态度是否端正：　是□　否□
本次是否解决问题：　是□　否□
是否按时完成：　是□　否□
完成质量：　优□　良□　中□　差□
客户评价：　非常满意□　基本满意□　不满意□
客户意见或建议：</td></tr>
<tr><td>客户签名</td><td colspan="2"></td><td colspan="2">实施人员签名</td><td></td></tr>
</table>

二、制订工作计划

工序及工期安排见表 1－1－2。

表 1－1－2　　　　　　　　　　　　工序及工期安排

序号	工作内容	完成时间	备注
1	获取 ETS 软件安装程序		
2	安装 ETS 软件		
3	启动软件并修改语言		
4	创建新项目并导入产品数据库		
5	添加设备并下载物理地址		

三、现场实施

1. 获取 ETS 软件安装程序

通过正规网站平台等途径获取 ETS5 软件的安装程序。

2. 安装 ETS 软件

双击解压后的 ETS5 软件安装程序进行安装。

3. 启动软件并修改语言

（1）ETS5 软件安装完成后，将在桌面上创建一个“ETS5”快捷方式图标，同时在“开始”菜单→“所有程序”→“KNX”文件夹中创建“ETS5”选项。双击“ETS5”快捷方式图标或单击“ETS5”选项，启动 ETS5 软件。

（2）在软件初始界面单击“Settings”标签，单击选择“Language”标签，单击“ETS Language”的下拉选择框，选择“Simplified Chinese（中国话）”选项，弹出“ETS Language”对话框，单击“Restart”按钮重启软件。

4. 创建新项目并导入产品数据库

（1）创建一个新项目。

（2）在线导入产品目录和数据库。

（3）通过产品数据库文件导入产品。

5. 添加设备并下载物理地址

（1）在“拓扑”工作区面板中的支线上添加任一设备。

（2）选择添加的设备，在该设备的“属性”→“配置”标签界面修改物理地址。

（3）将修改后的物理地址下载到设备中。

任务测评

考核及成绩评定见表 1－1－3。

表 1－1－3　考核及成绩评定表

评价内容		配分	Y/N	得分
软件安装	能从安全可靠的网站下载 ETS 软件	10		
	能正确安装 ETS 软件并解决安装过程中的问题	10		
软件调试	能正确启动 ETS 软件	10		
	能正确设置 ETS 软件语言	10		
	能正确创建新项目	10		
	能正确导入产品数据库	10		
	能正确添加设备	10		
	能正确修改设备名称和物理地址	10		
	能正确下载物理地址	10		
安全文明生产	实施过程中无违规操作	5		
	实施过程中始终保持场地整洁，实施结束后将场地整理干净，符合“6S”管理制度	5		
合计		100		

任务2　电动卷帘控制系统的安装与调试

学习目标

1. 掌握KNX系统的网络结构、KNX总线的连接与敷设工艺。

2. 能根据工作任务联系单和现场勘察，明确工时、工作内容等要求。

3. 能根据任务要求，列出所需器材和资料清单并做好准备，合理制订工作计划。

4. 能认识并使用KNX电源模块、智能面板、卷帘控制模块、USB接口等完成电动卷帘控制系统的设备安装和线路连接。

5. 能使用ETS软件编程并调试电动卷帘控制系统，实现电动卷帘的控制功能。

任务描述

KNX智能窗帘控制系统广泛应用于高级写字楼、别墅等建筑中，可以根据人的需要调节自然光的亮度。其中，电动卷帘和电动百叶窗帘是两种典型的窗帘控制类型。电动卷帘是使用管状电动机开发的轻型电动化卷帘机，操作简便、工作安静平稳，是卷帘的一种升级换代产品，与同类产品相比，其性价比非常优越，电动机噪声小、功率大、调试简便、控制精确可靠，可配合专用的辅助轨道或引导钢绳。根据卷帘的高度，可选用直径分别为50 mm、70 mm、78 mm的卷帘管；根据帘布的尺寸重量，可选用不同规格的电动机，能用一台电动机同时驱动多副卷帘。

学院智能照明实习教室需要安装一套KNX智能窗帘控制系统，能根据用户的要求使用智能面板控制电动卷帘。电工班接到任务后，通过现场勘察、查阅资料明确安装电动卷帘控制系统所需的设备和软件，制订工作计划，列出器材和资料清单，按照安全操作规程要求，在规定时间内完成电动卷帘控制系统的安装与调试，填写工作任务联系单交付班组长验收。本任务控制要求如下：使用一个智能面板的4个按键控制电动卷帘，按键1控制卷帘开，按键2控制卷帘合，按键3既能控制开又能控制合，按键4控制卷帘开一半。

相关知识

一、KNX系统的网络结构

KNX系统的网络结构相对自由，常用的包括图1－2－1所示的三种类型。

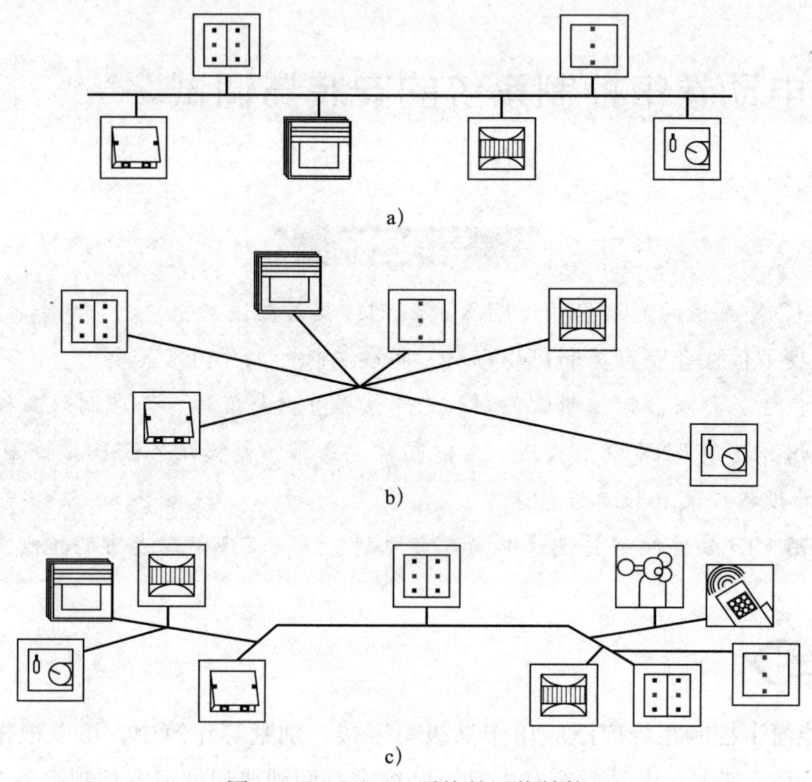

图 1－2－1　KNX 系统的网络结构

a）总线型结构　b）星型结构　c）树型结构

KNX 系统中总线型结构、星型结构、树型结构可以混合使用，但是禁用环型结构。

1. KNX 单网络结构

KNX 系统最小的网络结构即 KNX 单网络结构称为支线，如图 1－2－2 所示，一条支线至少需要一个电源模块，理论上最多可以安装 64 个总线设备（不包含电源模块）在同一支线上运行，每条支线实际所能连接的总线设备数取决于所选电源模块的容量和支线连接总线设备的总耗电量是否匹配。总线设备分为三类：

（1）系统设备（系统模块）：负责整个系统的运行，如 KNX 电源模块等。

（2）输入设备（输入模块）：负责探测开关的操作或光线、温度、湿度等信号的变化，如智能面板、感应器等。

（3）输出设备（输出模块、执行器）：负责接收输入设备传送的信号并执行相应的操作，如开关控制模块、调光控制模块、窗帘控制模块、空调控制模块等。

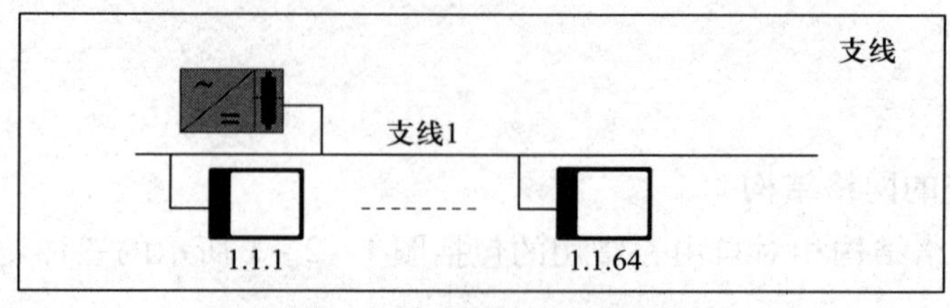

图 1－2－2　KNX 单网络结构

2. KNX 多网络结构

(1) 耦合器组网的 KNX 多网络结构

当一条支线连接的总线设备超过 64 个或根据实际需要使用不同支线时，则可以将多条支线通过线路耦合器（line coupler，LC，又称为支线耦合器）组合连接在一条主线上构成一个区域，一个区域最多可以包含 15 条支线，如图 1－2－3 所示。理论上，每条支线可以连接 64 个总线设备，一个区域可以包含 15 条支线，因此，一个区域最多可以连接 960（＝64×15）个总线设备。

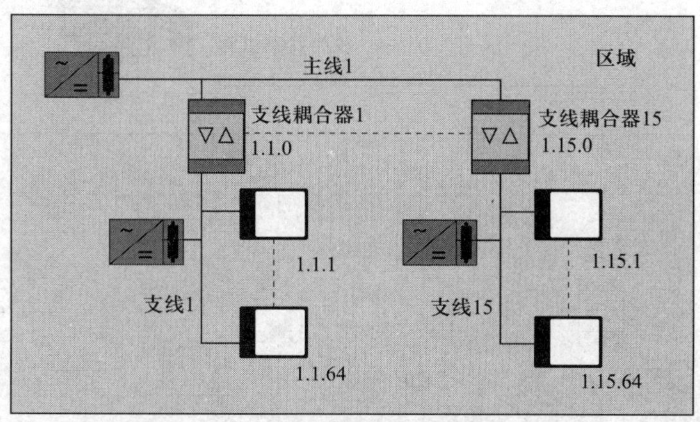

图 1－2－3　KNX 多网络结构的一个区域

区域可以按主线的方式进行扩展，主干耦合器（backbone line coupler，BC）将区域连接到区域总线上，如图 1－2－4 所示。区域总线上最多可以连接 15 个区域，因此，理论上一个 KNX 系统最多可以连接 14 400（＝64×15×15）个总线设备。

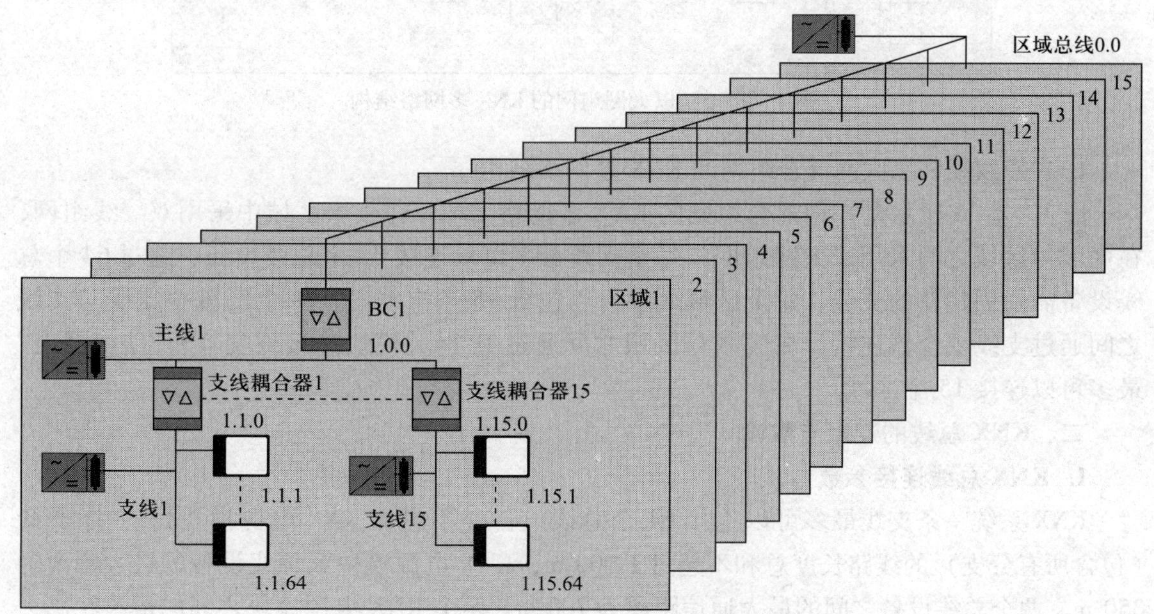

图 1－2－4　耦合器组网的 KNX 多网络结构

（2）以太网组网的 KNX 多网络结构

虽然称为以太网组网的 KNX 多网络结构，但其每条支线上的总线设备都是通过 KNX 总线连接起来的，每条支线最多可以连接 64 个总线设备，超过 64 个总线设备需要创建新的支线。每条支线通过以太网 IP 网关模块连接到交换机/路由器上，最多可以有 225 条支线通过交换机/路由器组网，如图 1－2－5 所示。

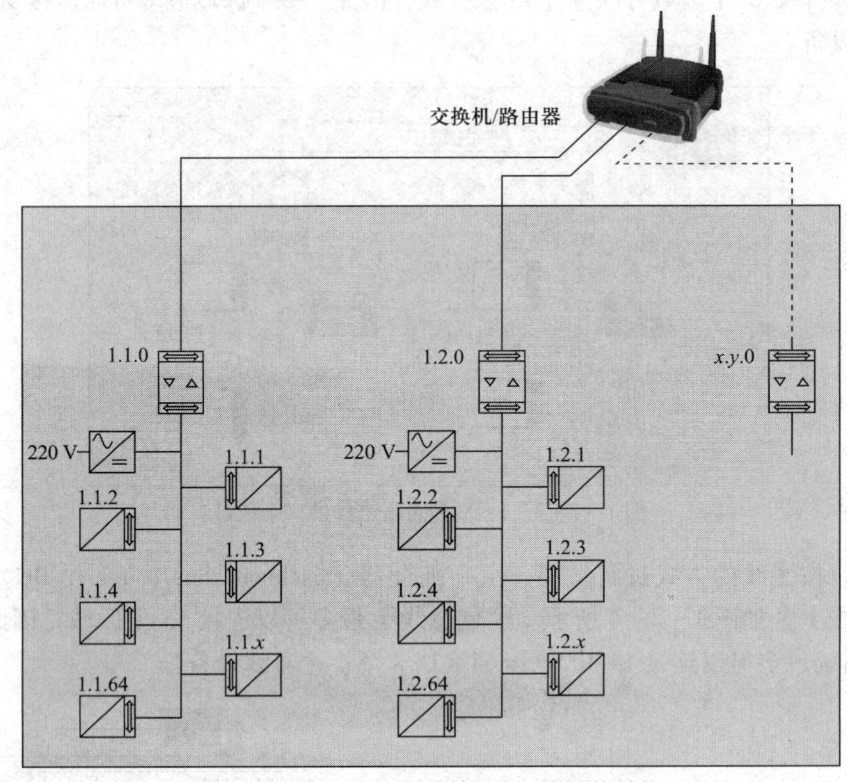

图 1－2－5　以太网组网的 KNX 多网络结构

（3）双绞线和以太网混合组网的 KNX 多网络结构

图 1－2－6 所示是一种混合组网的 KNX 多网络结构，在一个区域中采用双绞线组网，在区域与区域之间采用以太网组网，每条支线最多可以连接 64 个总线设备，超过 64 个总线设备需要创建新的支线，每个区域最多可以包含 15 条支线，在一个区域中支线与支线之间通过支线耦合器连接，在区域与区域之间通过 IP 网关模块连接到交换机/路由器上，最多可以连接 15 个区域。

二、KNX 总线的连接与敷设

1. KNX 总线连接参数

KNX 系统一条支线最多可以连接 64 个总线设备（不包含 KNX 电源模块），一条支线（包含所有分支）的线路长度总和不超过 1 000 m，KNX 电源模块到总线设备的最大距离为 350 m，两个总线设备之间的最大通信距离为 700 m，两个 KNX 电源模块之间的最小距离为 200 m。

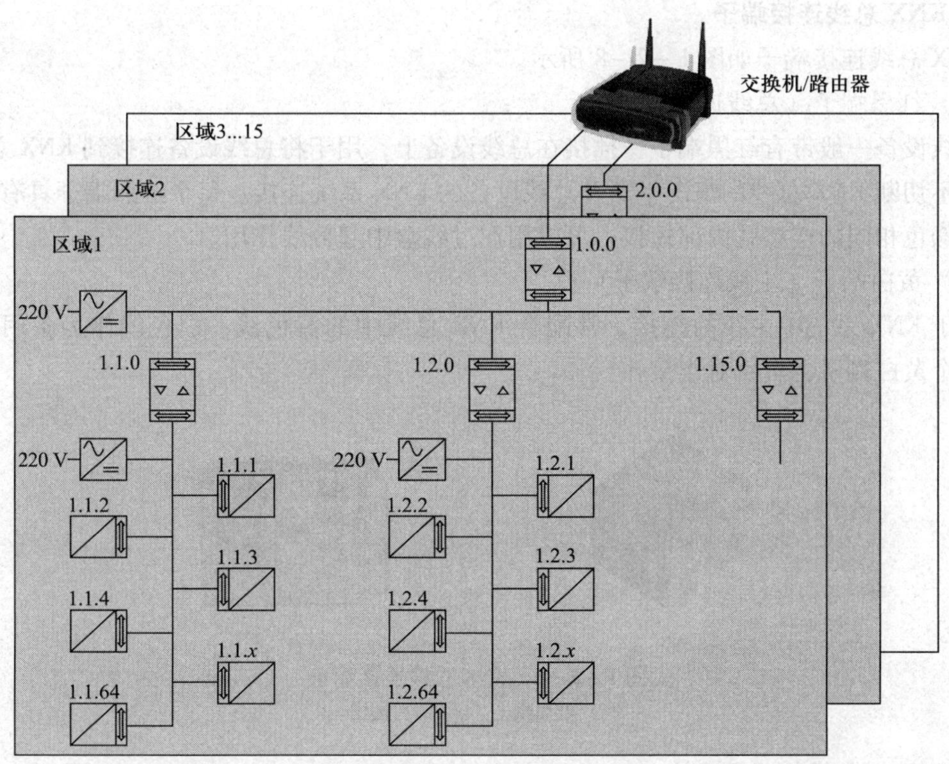

图 1－2－6　双绞线和以太网混合组网的 KNX 多网络结构

2. KNX 总线型号

KNX 总线型号见表 1－2－1，其内部结构如图 1－2－7 所示，电源和数据传输通过其中的 2 根芯线（红色线、黑色线），剩余芯线（黄色线、白色线）作为辅助的电源线或者备用线。

表 1－2－1　　KNX 总线型号

型号	内部结构	敷设方式
YCYM 2×2×0.8	红色线（＋EIB） 黑色线（－EIB） 黄色线（备用） 白色线（备用）	室内：无论干燥还是潮湿，均可表面敷设 室外：防止阳光直射，穿管敷设
J－Y（St）Y 2×2×0.8 （EIB 命名法）		室内：干燥区域可表面敷设 室外：穿管敷设并附加塑料绝缘

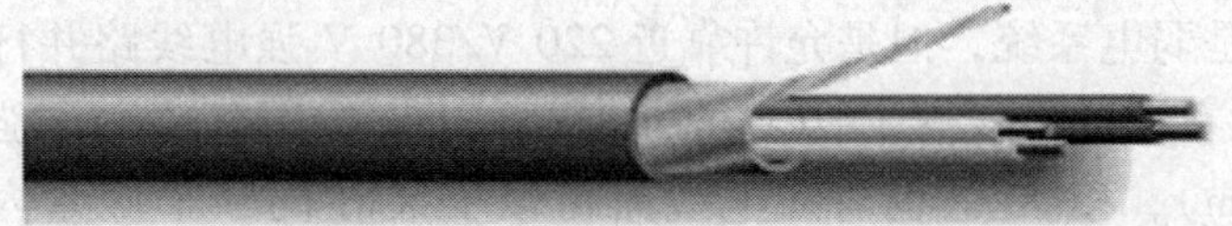

图 1－2－7　KNX 总线内部结构

3. KNX总线连接端子

KNX总线连接端子如图1-2-8所示。

(1) 红黑端子（总线连接端子）

总线设备一般带有红黑端子，插接在总线设备上，用于将总线设备连接到KNX总线上，可以在不切断KNX总线的情况下断开总线设备的KNX系统连接。每个红黑端子具有4对连接孔，颜色相同的连接孔内部短接，可以用在过线盒中起分线作用。

(2) 黄白端子（主线连接端子）

用于KNX系统中主线的连接，常配合KNX总线中的黄色线、白色线作为备用连接端子，每个黄白端子也有4对连接孔。

a)

b)

图1-2-8 KNX总线连接端子

a) 红黑端子 b) 黄白端子

(3) KNX总线与端子连接

KNX总线的线芯均为单股硬线芯，与端子连接时只需将芯线剥出适当长度的线芯，然后适当用力插入端子的连接孔即可，端子会自动锁紧线芯，以防止线芯脱落，如图1-2-9所示。

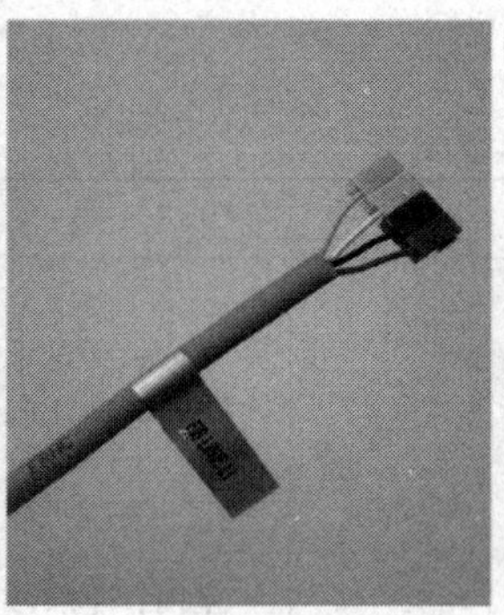

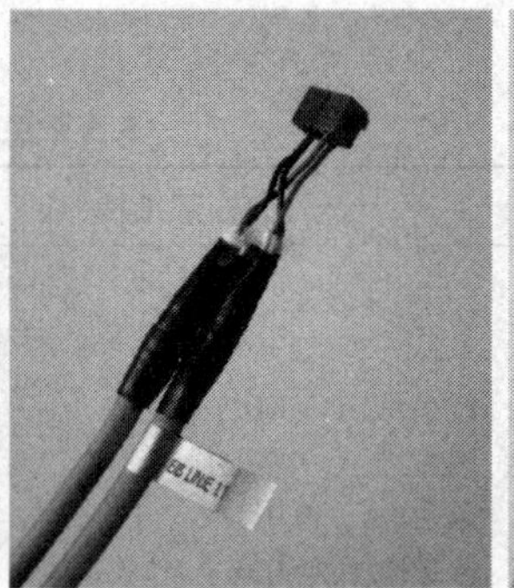

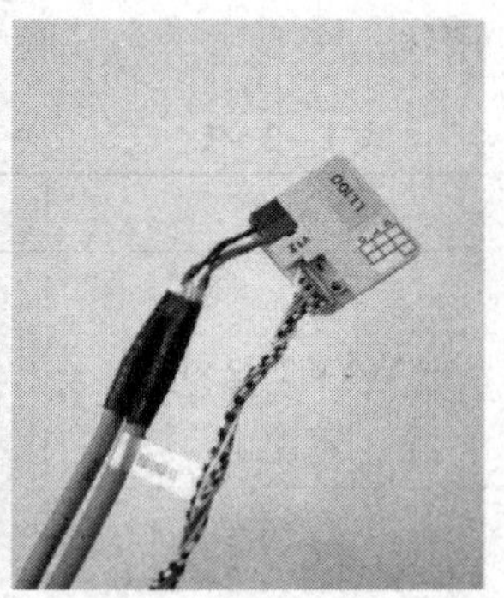

图1-2-9 KNX总线与端子连接

4. KNX总线敷设

虽然KNX系统是弱电系统，但是允许靠近220 V/380 V强电线路并行敷设，允许KNX总线与强电线路敷设在同一根线槽或线管内。如果可以保证KNX总线与强电线路的间距不小于安全距离（4 mm），KNX总线与强电线路可以安装在同一个底盒内，如图1-2-10所示。

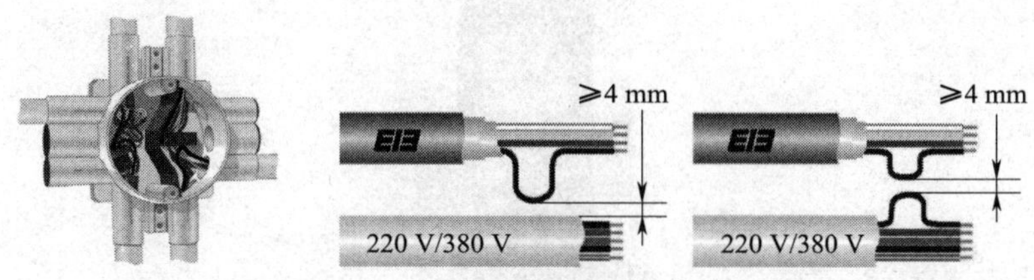

图 1－2－10　KNX 总线敷设示例

三、电动卷帘控制系统的总线设备（以施耐德产品为例）

电动卷帘控制系统需要用到的总线设备包括 KNX 电源模块、USB 接口、智能面板和卷帘控制模块。

1. 系统设备

（1）KNX 电源模块——640 mA 电源供应器 MTN684064

每条线路需要一个 KNX 电源模块，通常使用 640 mA 电源供应器 MTN684064，如图 1－2－11 所示；也可按实际需要选用其他规格（单个总线设备的用电量一般为 5～10 mA）。

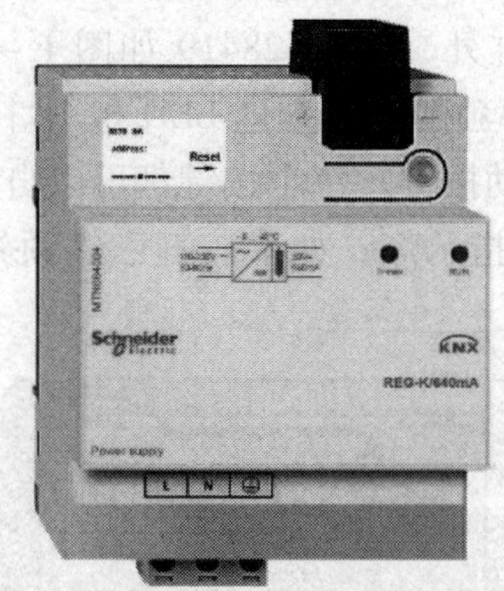

图 1－2－11　640 mA 电源供应器 MTN684064

640 mA 电源供应器 MTN684064 最多可以为一条连接 64 个总线设备的线路提供总线电压。其内置扼流器，用于隔离总线的供电；带开关，用于中断电压并复位连接在线路上的总线设备；还可以通过一根单独引出的 DC 29 V 电源线为一条配有专用扼流器的附加线路供电。

640 mA 电源供应器 MTN684064 安装在 EN 50022 标准的 DIN 导轨上，通过 KNX 总线连接端子与 KNX 总线相连接，无须数据导轨数据条。相关参数如下：

电源电压：AC 110～230 V，50～60 Hz。

输出电压：DC 29 V ±1 V。

输出电流：最大 640 mA，具有防短路功能。

设备宽度：7 模数，约 126 mm。

（2）USB 接口 MTN681829

USB 接口 MTN681829 如图 1－2－12 所示，内置总线耦合器，用于将编程设备或诊断设备通过 USB 1.1 或 USB 2.0 接口连接到 KNX 总线上。

图 1-2-12　USB 接口 MTN681829

USB 接口 MTN681829 安装在 EN 50022 标准的 DIN 导轨上，通过 KNX 总线连接端子与 KNX 总线相连接，无须数据导轨数据条。其设备宽度为 2 模数，约 36 mm。

2. 输入设备——8 键智能面板（带耦合器、红外）MTN628419

8 键智能面板（带耦合器、红外）MTN628419 如图 1-2-13 所示，内置总线耦合器。其带有 8 个操作按键、8 个可以单独触发的蓝色 LED 指示灯、一个可以粘贴自行印制标签的标签栏和位于标签栏最下方的辅助按键。每个按键都可以自由设置参数；辅助按键也可以实现多种控制功能，但是没有 LED 指示灯；如果按键已经预先编程过，还可以使用红外远程控制器来操作。

图 1-2-13　8 键智能面板（带耦合器、红外）MTN628419

8 键智能面板（带耦合器、红外）MTN628419 通过 KNX 总线连接端子与 KNX 总线相连接。按下智能面板的按键时，智能面板的内部存储器和逻辑控制器会发送编程设置的控制信号到总线上，总线上相应的开关控制模块、调光控制模块或窗帘控制模块等输出设备接收到控制信号后，执行相应的动作。

8 键智能面板（带耦合器、红外）MTN628419 的功能主要包括开关控制功能，转换控制功能，调光控制功能（单键/双键），窗帘控制功能（单键/双键），脉冲触发 1 位、2 位、4 位或 8 位信号控制功能（区别短操作和长操作），带有 2 字节信号的脉冲控制功能（区别短操作和长操作），8 位线性调节器功能，场景功能，锁定功能等。

3. 输出设备——4 路 230 V 卷帘控制模块 MTN649704

4 路 230 V 卷帘控制模块 MTN649704 如图 1－2－14 所示，内置总线耦合器，可以独立控制 4 个电动卷帘，可以自由设置各通道的功能，还可以通过按键对各通道进行手动操作。

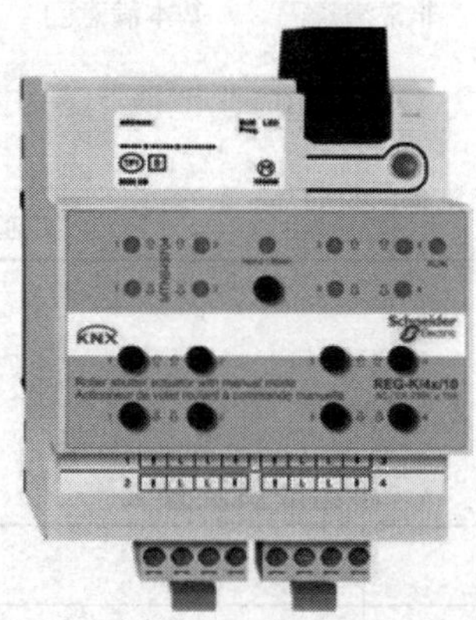

图 1－2－14　4 路 230 V 卷帘控制模块 MTN649704

4 路 230 V 卷帘控制模块 MTN649704 具有运行时间控制功能、闲置时间控制功能、联锁功能、天气报警功能、8 位高度和板条定位功能、场景功能、各通道独立的状态和反馈功能。

4 路 230 V 卷帘控制模块 MTN649704 安装在 EN 50022 标准的 DIN 导轨上，通过 KNX 总线连接端子与 KNX 总线相连接，无须数据导轨数据条。相关参数如下：

额定电压：AC 230 V。

电动机负载最大功率：1 000 W。

设备宽度：4 模数，约 72 mm。

任务实施

一、明确任务

工作任务联系单见表 1－2－2。

表 1－2－2　工作任务联系单

<table>
<tr><td rowspan="3">申报项目</td><td>申报地点</td><td></td><td>申报人</td><td></td><td>联系电话</td><td></td></tr>
<tr><td>申报事项</td><td colspan="5">给实习教室安装电动卷帘控制系统，使用一个智能面板的 4 个按键控制电动卷帘，按键 1 控制卷帘开，按键 2 控制卷帘合，按键 3 既能控制开又能控制合，按键 4 控制卷帘开到 50% 位置</td></tr>
<tr><td>申报时间</td><td></td><td>要求完成时间</td><td></td><td>派单人</td><td></td></tr>
<tr><td></td><td>接单人</td><td></td><td>开始时间</td><td></td><td>完成时间</td><td></td></tr>
<tr><td rowspan="3">安装调试项目</td><td colspan="2">所需器材</td><td colspan="4">KNX 电源模块、USB 接口、卷帘控制模块、智能面板、电动卷帘、导轨、配电箱、KNX 总线、导线等</td></tr>
<tr><td colspan="2">安装位置</td><td colspan="4"></td></tr>
<tr><td colspan="2">实施建议</td><td colspan="4">清理现场，规划安装区域，做好实施准备</td></tr>
</table>

续表

验收项目	实施人员工作态度是否端正： 是□ 否□ 本次是否解决问题： 是□ 否□ 是否按时完成： 是□ 否□ 完成质量： 优□ 良□ 中□ 差□ 客户评价： 非常满意□ 基本满意□ 不满意□ 客户意见或建议：			
	客户签名		实施人员签名	

二、制订工作计划

1. 小组成员及分工（见表1－2－3）

表1－2－3　　　　小组成员及分工

序号	姓名	分工
		小组负责人
		安全员
		施工员

2. 器材和资料清单（见表1－2－4）

表1－2－4　　　　器材和资料清单

工具	电工通用工具（1套）、专用工具（如手电钻、压线钳、各种扳手等）			
仪表	ZC25－3型兆欧表（500 V）、MG3－1型钳形电流表、MF47型万用表等			
资料	工作任务联系单、设备产品说明书、ETS软件使用手册、施工图纸、电工安全操作规程、电工手册、电气装置安装工程施工及验收规范等			
材料	导轨、KNX总线、导线、线槽、线管、绝缘材料等			
器件	序号	名称	型号	数量
	1	断路器	EA9AN2C10	1
	2	KNX电源模块	MTN684064	1
	3	USB接口	MTN681829	1
	4	卷帘控制模块	MTN649704	1
	5	智能面板	MTN628419	1
	6	电动卷帘	—	1
	7	配电箱	—	1

3. 工序及工期安排（见表1－2－5）

表1－2－5　　工序及工期安排

序号	工作内容	完成时间	备注
1	设备安装与线路连接		
2	参数设置与编程		
3	运行调试		
4	整理与验收		

4. 安全防护措施

（1）团队协作，设立专职安全员，一人安装，另一人监护。

（2）遵循健康和安全标准，使用合适的个人防护用品，包括安全鞋靴、耳朵和眼睛护具等。

（3）合理规划工作区域，最大限度地提高效率并保持工作区域的环境卫生。

（4）安全使用工具和仪器仪表并保持清洁，妥善保存。

（5）上电前应确保人身、设备安全，通电测试必须按功能要求完成每一个功能的检测，以确保设备运行正常，达到功能控制要求。

三、现场实施

1. 设备安装与线路连接

（1）配电箱内设备安装与接线

配电箱内设备安装和接线工艺要求如下：

KNX系统配电箱可与强电系统配电箱混合使用，也可以单独配置一个KNX系统专用配电箱，具体情况根据用户要求与施工需求确定。KNX系统相对于传统电气系统的一个突出优点是便于更改和扩展，因此，配电箱的设计应为后续可能增加的设备留有余地，配电箱总体尺寸取决于所用的设备和KNX系统的网络结构。

根据EN 50022标准规定，KNX系统总线设备大多可以安装在配电箱内的35 mm DIN导轨上，其高度、厚度均与普通断路器尺寸相近。由于总线设备输出端需连接大量外部负载电源线，因此，各DIN导轨之间的距离应不小于160 mm。

总线设备与低压电器最好分开安装，布局清晰，便于维修。调光控制模块等需要散热的总线设备应安装在配电箱的上部。如果总线设备与低压电器安装在一个配电箱内，则必须保证非特低压电源（SELV或PELV）供电的设备与KNX系统隔离，必要时应安装隔离层或隔离墙。

总线设备与KNX总线之间可以选择两种连接方式：一是通过KNX总线连接端子与KNX总线相连接；二是通过安装在DIN导轨上的数据导轨与KNX总线相连接。注意：对暴露在设备外面的数据导轨要加装保护，既保证绝缘，又可以防尘。

KNX系统配电箱中，KNX总线进线孔应与负载电源线进线孔分开，最理想的情况是KNX总线与负载电源线分别从左、从右或从上、从下进线。

根据 DIN 18015 系列标准规定，KNX 总线与负载电源线类似，依照总线型结构、星型结构或树型结构敷设在指定区域。KNX 总线可以和其他线路敷设在同一线管或线槽中。在多条线路组成的 KNX 系统中，必须保证各线路不形成环路，即各线路之间不得直接连接。电气安装中的负载电源线不能用作 KNX 总线。

电动卷帘控制系统的配电箱内设备安装与接线示意图如图 1－2－15 所示，KNX 总线的单股硬线芯直接插接在红黑端子上即可，由于本任务负载较小，负载电源线使用 1 mm^2 BV 导线敷设。

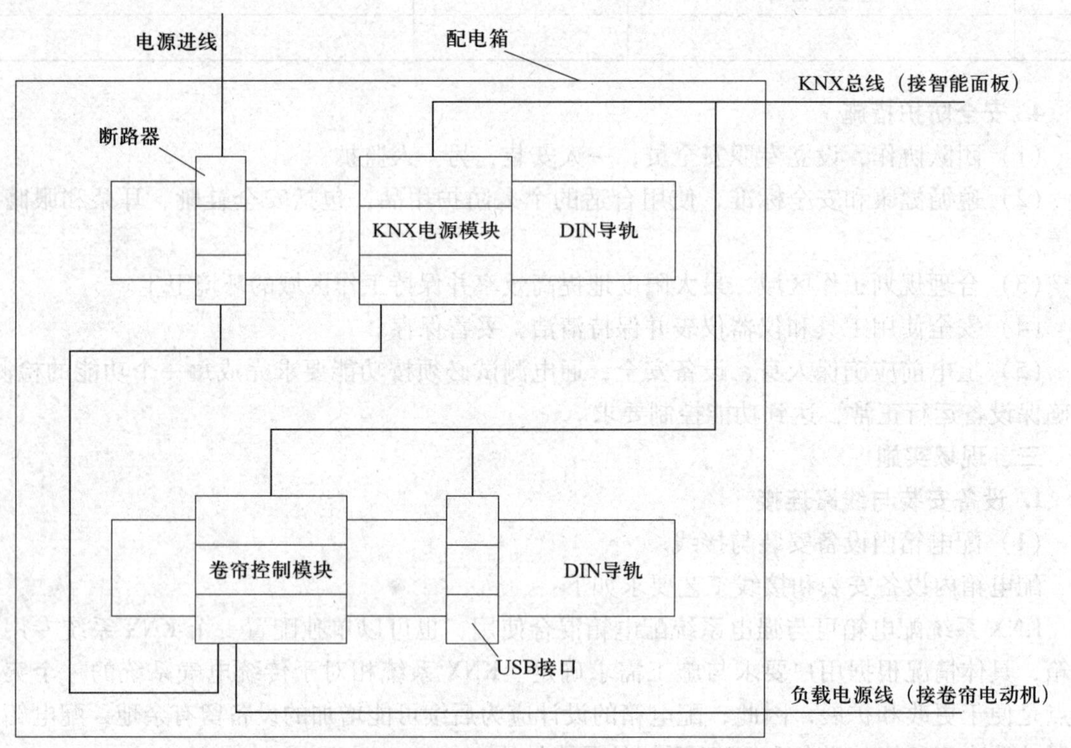

图 1－2－15　配电箱内设备安装与接线示意图

（2）其他设备安装与接线

所有由 KNX 系统控制的灯光、窗帘、风机盘管等负载的线路，都必须通过配管或桥架，接到指定的 KNX 系统配电箱；每条线路必须严格按施工图纸标明回路号或者直接标明该回路灯光所属类型、区域，以及相线、中性线和地线；还必须清楚地标注窗帘的上、下或开、关信号线路，风机盘管的风速控制信号线路和冷、热蝶阀的控制信号线路；接入 KNX 系统的其他设备及各种感应器也都需要明确标注线型和所属区域。对线路的标注要求，主要是为了方便 KNX 系统的编程以及后期的系统维护与线路检修。

智能面板一般使用欧标 80 底盒安装，也可使用普通 86 底盒安装，考虑到安装的便捷与美观，建议使用配套 80 底盒安装。如果两个以上的智能面板并列安装，建议使用专用配套 80 底盒安装，这样能使智能面板边框与底盒完美契合，达到更好的安装效果。如果用户没有特殊要求，智能面板的安装高度一般以智能面板边框底边距地面 1 300 mm 为宜。

吸顶式安装的移动感应器和光亮度传感器，应避免安装在灯光正下方或斜下方，以防止夜间因灯光直接照射而引起感应器误动作。

电动卷帘控制系统的整体接线示意图如图 1－2－16 所示。

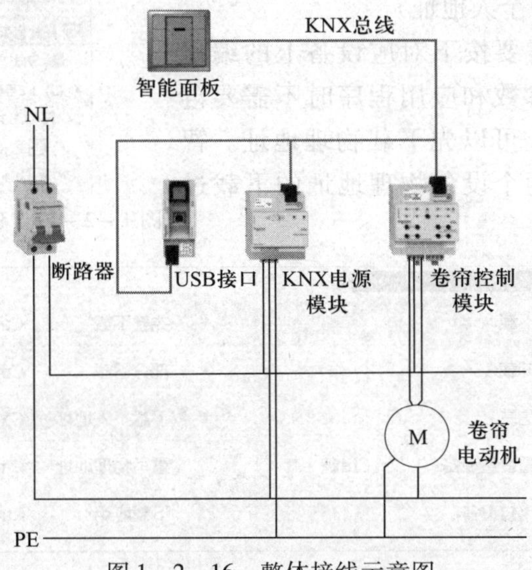

图 1－2－16　整体接线示意图

（3）自检、互检

安装和接线完毕，应进行自检、互检，并记录自检和互检情况，见表 1－2－6。

表 1－2－6　自检、互检记录表

检查项目	检查结果	
	自检	互检
设备安装是否合理		
线路连接是否正确		
安装工艺是否合格		

2. 参数设置与编程

电动卷帘控制系统设备安装与线路连接及检查完成后，要使用 ETS 软件进行总线设备参数设置与编程，具体操作步骤如下：

（1）创建项目

打开 ETS5 软件，创建名称为“窗帘控制”的新项目。

（2）建立分区和支线，添加设备

打开“窗帘控制”项目，将工作区切换到“拓扑”工作区面板，创建名称为“2 号楼”的分区、名称为“303 教室”的支线。在该支线下添加 MTN628419、MTN649704 两个设备，并修改设备名称分别为“智能面板”“窗帘控制模块”，如图 1－2－17 所示。添加设备时可以通过现有设备上的订货号在产品目录中搜索快速找到所需设备。设备添加后自动分配物理地址，可以根据实际情况进行修改，这里使用默认物理地址。由于 KNX 电源模块和 USB 接口不需要设置参数和编程，因此，不用添加上述两个设备。

（3）下载物理地址（个人地址）

由于下载物理地址需要按下对应设备上的编程按钮，而此后下载设备参数和应用程序时不需要再次按下编程按钮，因此，可以先下载物理地址。智能面板、窗帘控制模块两个设备物理地址的下载过程如图 1－2－18 所示。

图 1－2－17　建立分区和支线，添加设备

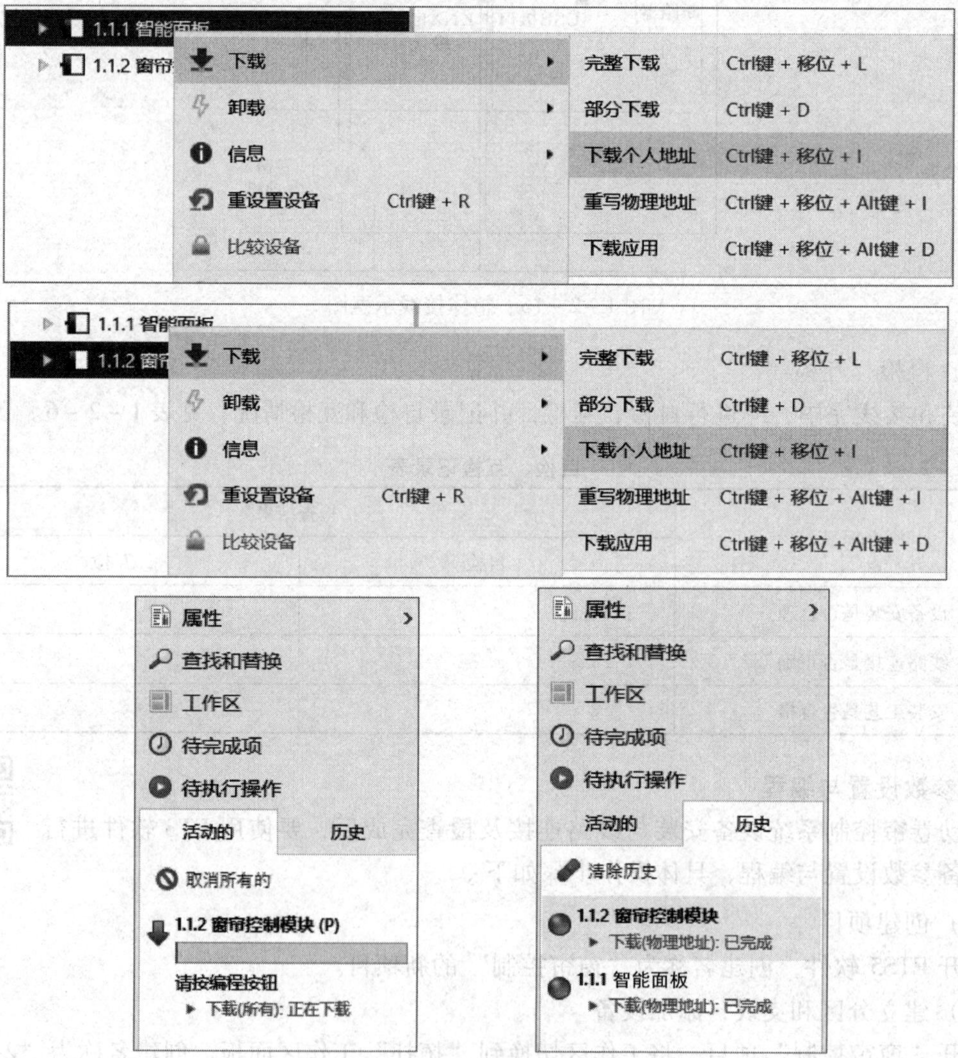

图 1－2－18　下载物理地址

（4）对窗帘控制模块进行参数设置

在“拓扑”工作区面板，单击选择设备“1.1.2 窗帘控制模块”，在工作区面板下部单击

“参数”标签，进入“1.1.2 窗帘控制模块”的“General”（通用）标签界面，如图 1－2－19 所示。

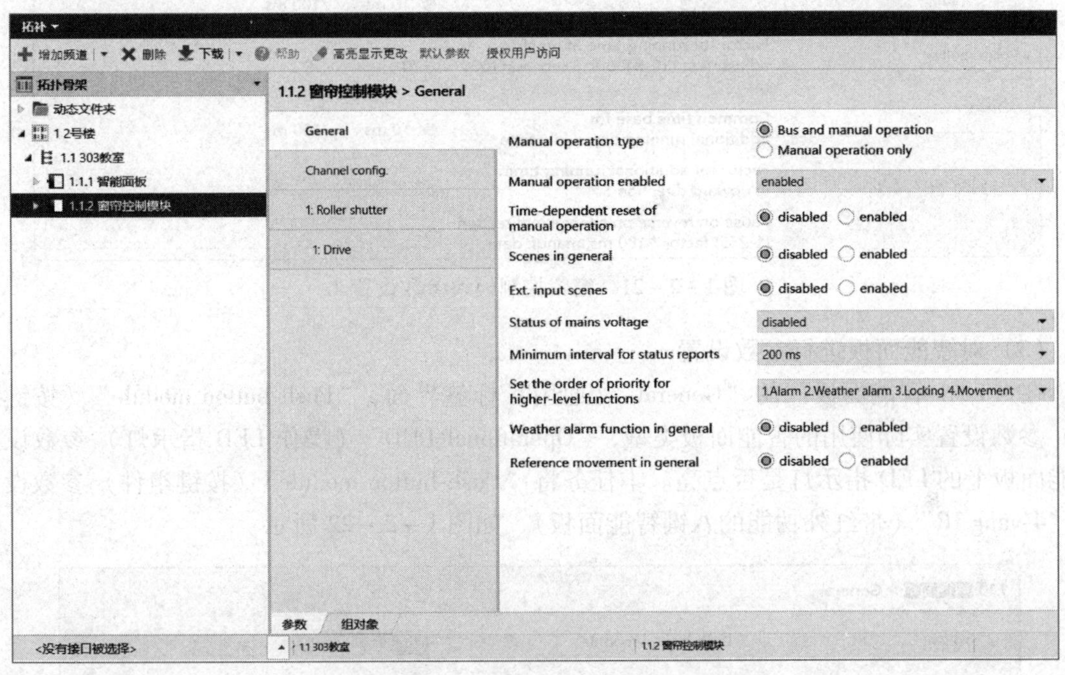

图 1－2－19　窗帘控制模块的参数设置界面

单击切换到“Channel config.”（通道配置）标签界面，其中，“Channel 1 operation mode”（通道 1 操作模式）参数默认设置为“Roller shutter”（卷帘），如图 1－2－20 所示。

1.1.2 窗帘控制模块 > Channel config.

General
Channel config.
1: Roller shutter
1: Drive

Channel 1 operation mode	○ disabled	◉ Roller shutter
Channel 2 operation mode	◉ disabled	○ Roller shutter
Channel 3 operation mode	◉ disabled	○ Roller shutter
Channel 4 operation mode	◉ disabled	○ Roller shutter

图 1－2－20　窗帘控制模块参数设置 1

在“1: Drive”（通道 1：驱动）标签界面设置详细参数，如图 1－2－21 所示。对窗帘的开合控制是通过时间原则进行的，因此，只需根据实际安装的窗帘参数设置“Time base for running time of height adjustment”（高度调整运行时间基准）和“Factor for running time of height adjustment(10-64000)，1 second＝1000 ms”（高度调整运行时间系数）两个参数即可，两个参数的乘积即为窗帘的最终运行时间。有的窗帘电动机带限位功能，而有的不带，因此，设置参数前需要确定窗帘的实际开合时间，以防因参数设置过大而烧坏电动机。

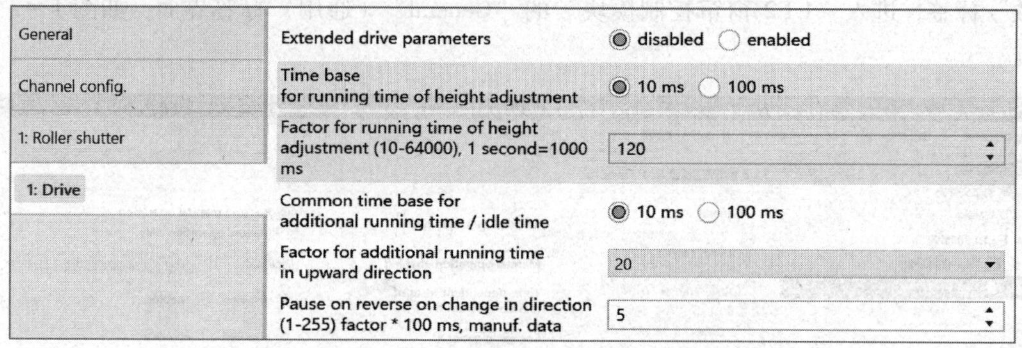

图 1-2-21　窗帘控制模块参数设置 2

（5）对智能面板进行参数设置

在“1.1.1 智能面板”的“General”（通用）标签界面，“Push-button module”（按键组件）参数设置实际使用的智能面板类型，“Operational LED”（操作 LED 指示灯）参数设置智能面板上的 LED 指示灯是否点亮。本任务将“Push-button module”（按键组件）参数设置为“4-gang IR”（带红外功能的八键智能面板），如图 1-2-22 所示。

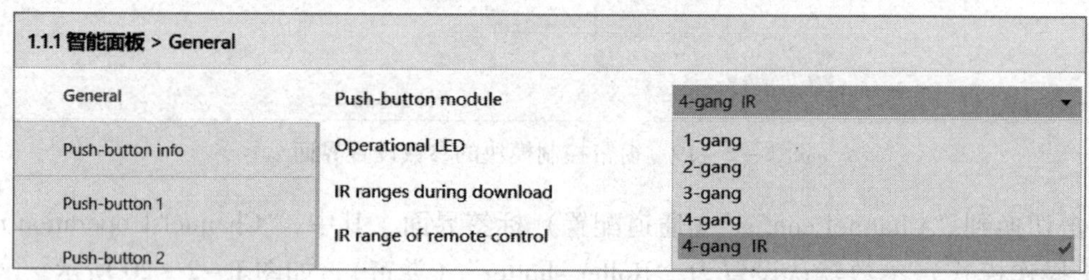

图 1-2-22　智能面板参数设置

1）“Push-button 1”（按键 1）用作打开卷帘控制按键，参数设置如图 1-2-23 所示，其中，“Selection of function”（功能选择）参数设置为“Switch”；“Number of objects”（组对象数量）参数使用默认值“one”；“Triggering of status LED”（状态 LED 指示灯触发）参数用于控制按键状态 LED 指示灯何时亮灭，使用默认设置；“Object A”（组对象 A）参数使用默认值“1 bit”；“Value”（值）参数使用默认值“ON telegram”（开信号）。

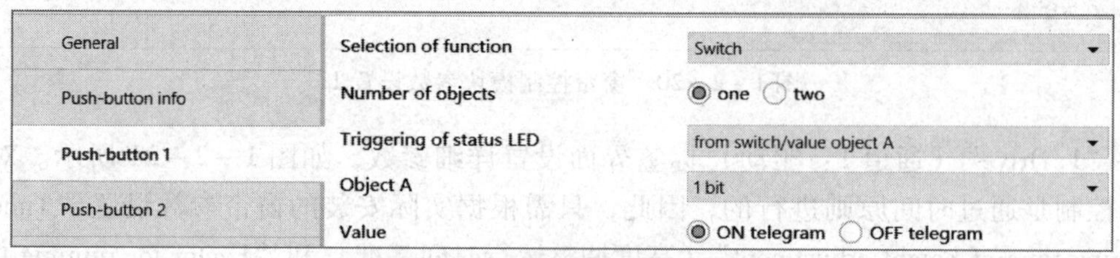

图 1-2-23　智能面板按键 1 参数设置

2）“Push-button 2”（按键 2）用作闭合卷帘控制按键，参数设置如图 1-2-24 所示，其中，“Selection of function”（功能选择）参数设置为“Switch”；“Number of objects”（组对象数量）参数使用默认值“one”；“Triggering of status LED”（状态 LED 指示灯触发）参

数用于控制按键状态 LED 指示灯何时亮灭，使用默认设置；“Object A”（组对象 A）参数使用默认值“1 bit”；“Value”（值）参数使用默认值“OFF telegram”（关信号）。

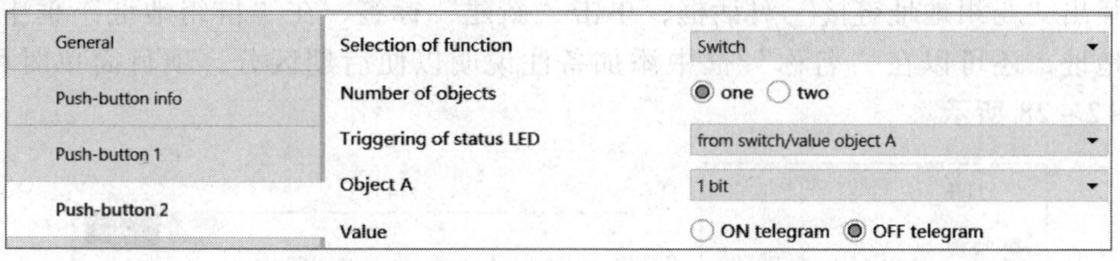

图 1－2－24　智能面板按键 2 参数设置

3）“Push-button 3”（按键 3）用作既可打开卷帘又可闭合卷帘控制按键，参数使用默认设置即可，如图 1－2－25 所示。

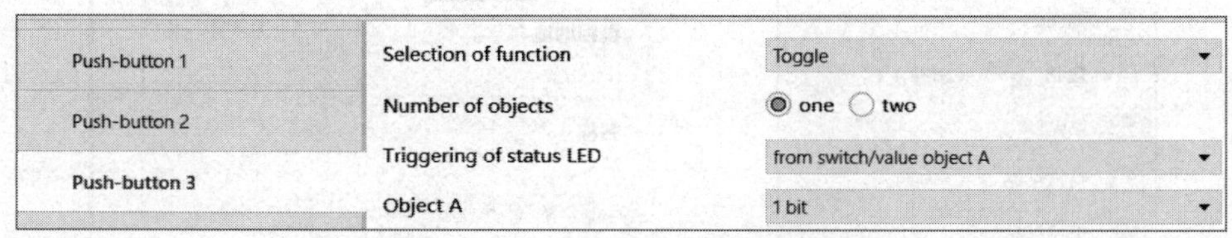

图 1－2－25　智能面板按键 3 参数设置

4）“Push-button4”（按键 4）用作将卷帘打开一半控制按键，参数设置如图 1－2－26 所示。

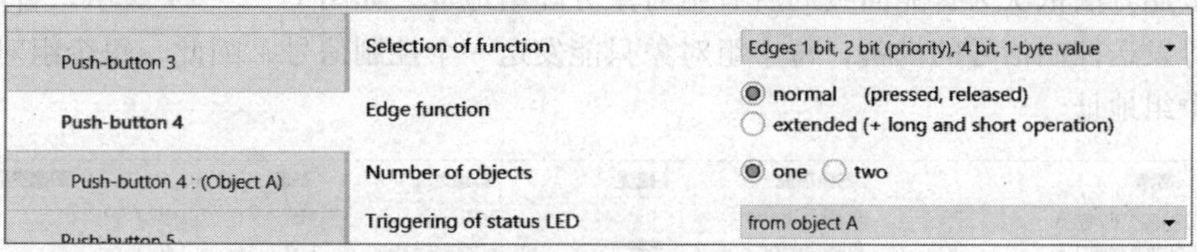

图 1－2－26　智能面板按键 4 参数设置 1

“Push-button4”（按键 4）标签的“Selection of function”（功能选择）参数设置为“Edges 1 bit, 2 bit(priority), 4 bit, 1-byte value”时，其下出现“Push-button 4: (Object A)”标签，参数设置如图 1－2－27 所示。

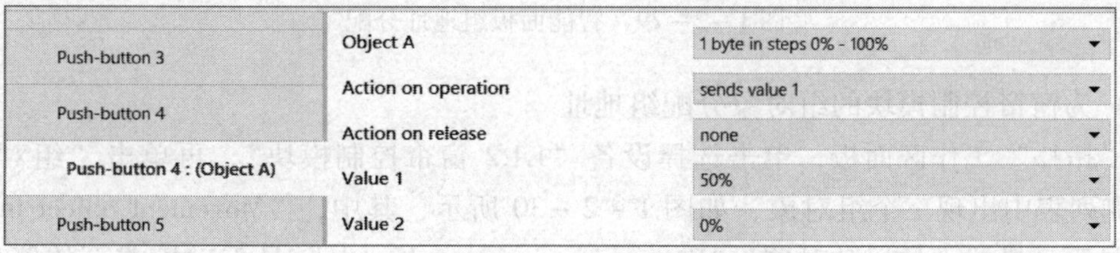

图 1－2－27　智能面板按键 4 参数设置 2

（6）为智能面板的组对象分配组地址

在“拓扑”工作区面板，单击选择设备“1.1.1 智能面板”，再单击“组对象”标签，右侧列表中出现相应的组对象。由于多个按键控制同一窗帘，因此，将窗帘控制模块的组地址分配给对应的按键即可。在某个组对象上单击鼠标右键弹出命令菜单，选择“链接与…”命令，弹出“与组地址链接”对话框，单击“新建”标签，在“群组地址”框中输入分配的组地址，还可以在“名称”框中添加备注说明以便后期区分，项目简单时可不填，如图 1－2－28 所示。

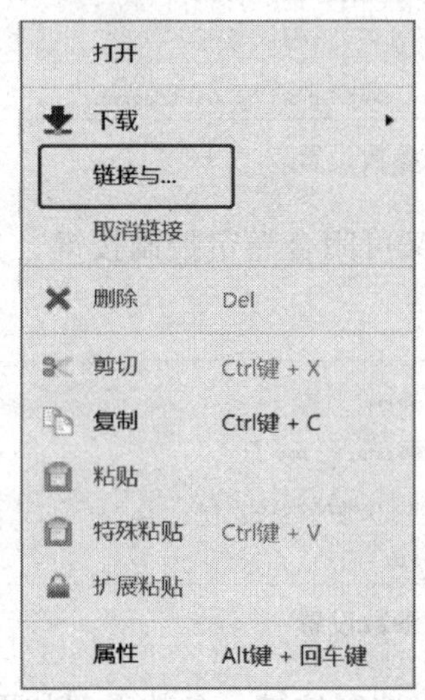

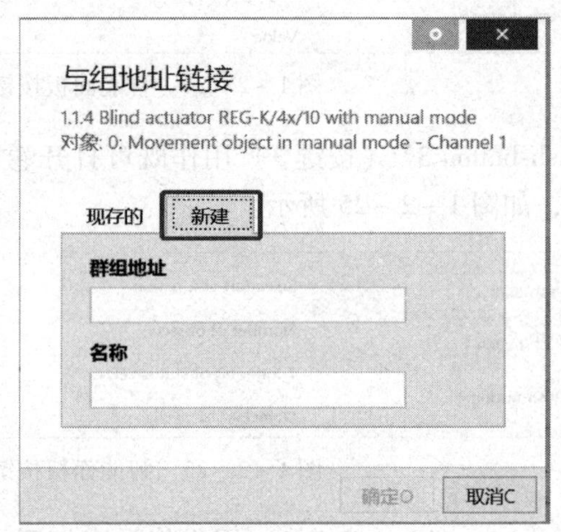

图 1－2－28　组地址分配方法

按上述方法依次为智能面板的所有组对象分配组地址，如图 1－2－29 所示。智能面板、感应器等发送控制信号的设备，每个组对象只能发送一个控制信号，因此，每个组对象只能分配一个组地址。

序号	名称	对象功能	描述	群组地址	长度	C	R	W	T	U	数据类型	优先级
0	Switch object A	Push-button 1	上升	2/1/1	1 bit	C	-	W	T	-		低
3	Switch object A	Push-button 2	下降	2/1/2	1 bit	C	-	W	T	-		低
6	Switch object A	Push-button 3	升降	2/1/3	1 bit	C	-	W	T	-		低
9	Value object A	Push-button 4	固定高度	2/1/4	1 byte	C	-	W	T	-		低
12	Switch object A	Push-button 5			1 bit	C	-	W	T	-		低
15	Switch object A	Push-button 6			1 bit	C	-	W	T	-		低
18	Switch object A	Push-button 7			1 bit	C	-	W	T	-		低
21	Switch object A	Push-button 8			1 bit	C	-	W	T	-		低
24	Switch object A	Auxiliary push-button			1 bit	C	-	W	T	-		低

图 1－2－29　智能面板组地址分配

（7）为窗帘控制模块的组对象分配组地址

在“拓扑”工作区面板，单击选择设备“1.1.2 窗帘控制模块”，再单击“组对象”标签，右侧列表中出现三个组对象，如图 1－2－30 所示，其中，“Movement object in manual mode”是手动模式下的运动对象，“Stop object in manual mode”是手动模式下的停止对象，“Height position in manual mode”是手动模式下的高度位置。

下面需要给窗帘控制模块的三个组对象分别分配三个组地址，在相应组对象上单击鼠标右键弹出命令菜单，选择“链接与…”命令，弹出“与组地址链接”对话框，在

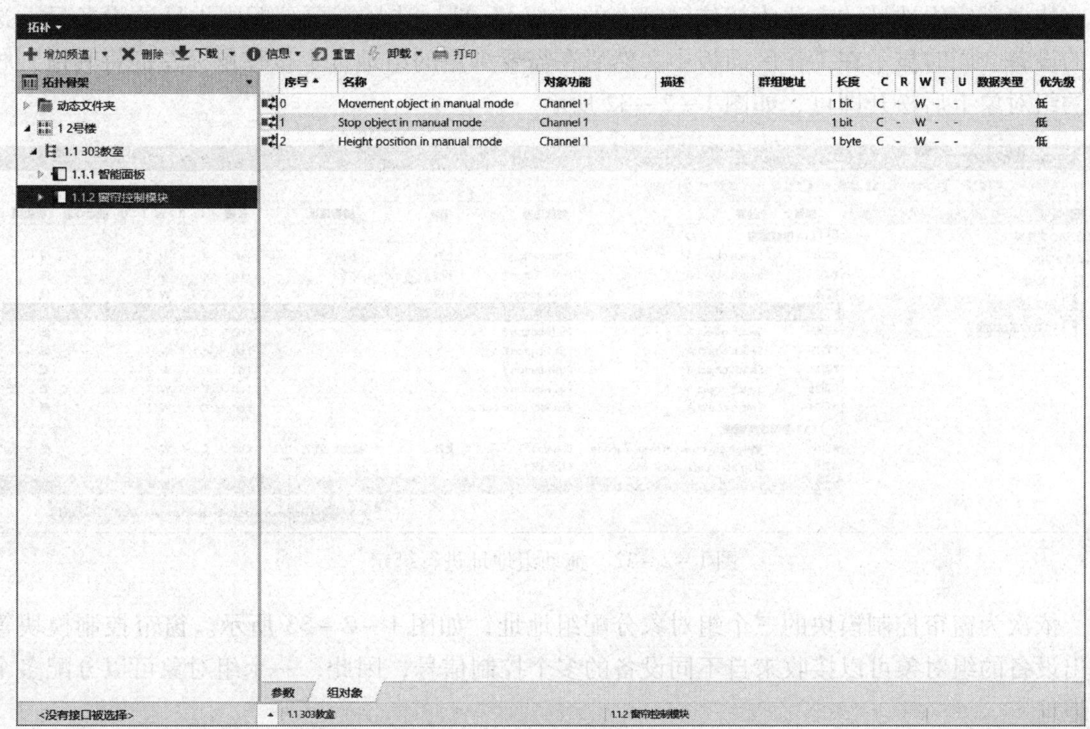

图 1－2－30　窗帘控制模块的三个组对象

“现存的”标签界面，单击“...”按钮，选择已存在的组地址即可绑定对应的窗帘控制模块组地址，如图 1－2－31 所示。

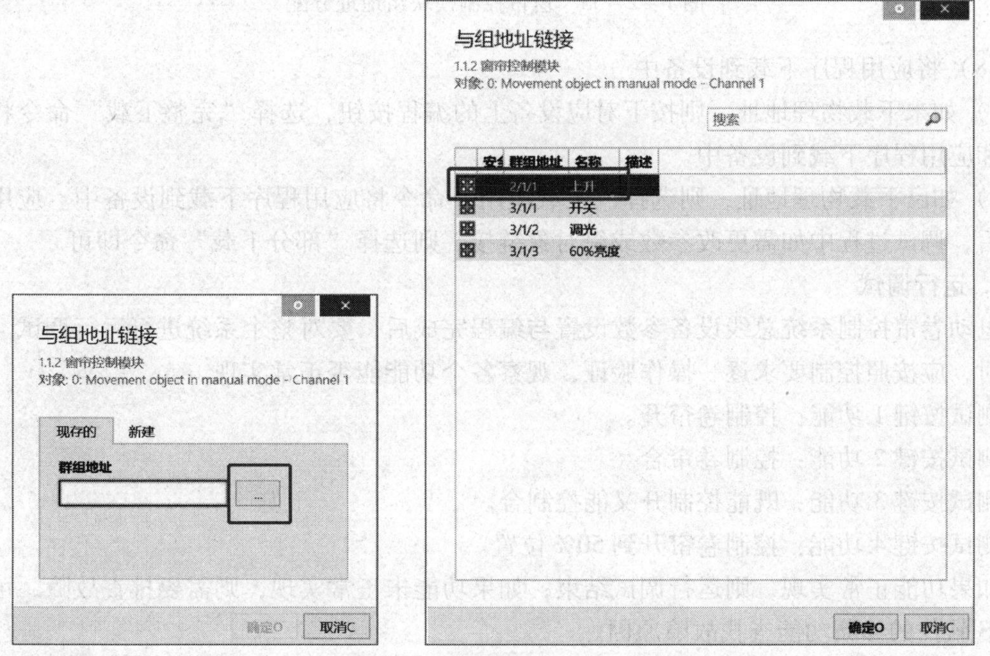

图 1－2－31　组地址绑定方法

快速绑定组地址的方法为按住键盘上的“Ctrl”键，选择需要分配组地址的设备后，选中的设备会同时显示在工作区面板中，然后在需要绑定的组地址上按住鼠标左键将其拖到相应的组对象上后松开即可，如图 1－2－32 所示。

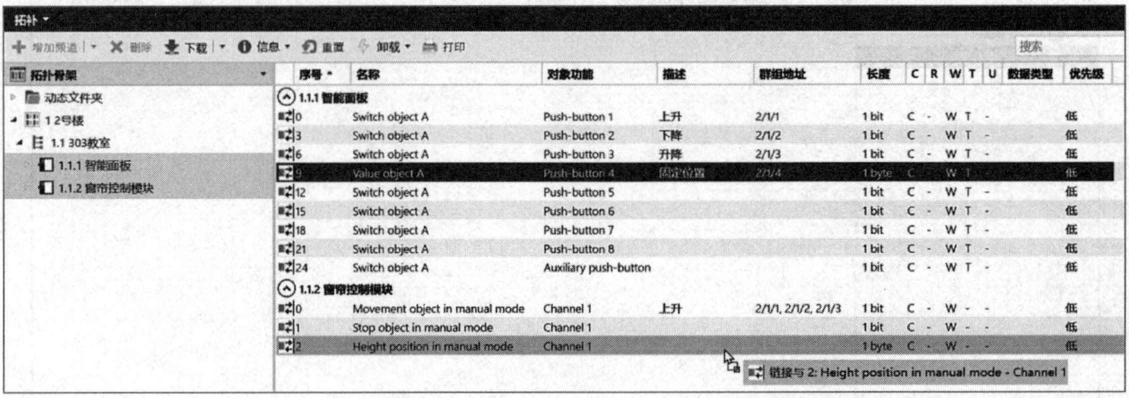

拓扑 ▾

增加预造 | 删除 | 下载 | 信息 | 重置 | 卸载 | 打印 | 搜索

拓扑骨架
- 动态文件夹
- 1 2号楼
  - 1.1 303教室
    - 1.1.1 智能面板
    - 1.1.2 窗帘控制模块

序号	名称	对象功能	描述	群组地址	长度	C	R	W	T	U	数据类型	优先级
1.1.1 智能面板												
0	Switch object A	Push-button 1	上升	2/1/1	1 bit	C	-	W	T	-		低
3	Switch object A	Push-button 2	下降	2/1/2	1 bit	C	-	W	T	-		低
6	Switch object A	Push-button 3	升降	2/1/3	1 bit	C	-	W	T	-		低
9	Value object A	Push-button 4	固定位置	2/1/4	1 byte	C	-	W	T	-		低
12	Switch object A	Push-button 5			1 bit	C	-	W	T	-		低
15	Switch object A	Push-button 6			1 bit	C	-	W	T	-		低
18	Switch object A	Push-button 7			1 bit	C	-	W	T	-		低
21	Switch object A	Push-button 8			1 bit	C	-	W	T	-		低
24	Switch object A	Auxiliary push-button			1 bit	C	-	W	T	-		低
1.1.2 窗帘控制模块												
0	Movement object in manual mode	Channel 1	上升	2/1/1, 2/1/2, 2/1/3	1 bit	C	-	W	-	-		低
1	Stop object in manual mode	Channel 1			1 bit	C	-	W	-	-		低
2	Height position in manual mode	Channel 1			1 byte	C	-	W	-	-		低

链接与 2: Height position in manual mode - Channel 1

图 1－2－32　拖动组地址进行绑定

依次为窗帘控制模块的三个组对象分配组地址，如图 1－2－33 所示。窗帘控制模块等输出设备的组对象可以接收来自不同设备的多个控制信号，因此，一个组对象可以分配多个组地址。

序号	名称	对象功能	描述	群组地址	长度	C	R	W	T	U	数据类型	优先级
0	Movement object in manual mode	Channel 1	上升	2/1/1, 2/1/2, 2/1/3	1 bit	C	-	W	-	-		低
1	Stop object in manual mode	Channel 1			1 bit	C	-	W	-	-		低
2	Height position in manual mode	Channel 1	固定高度	2/1/4	1 byte	C	-	W	-	-		低

图 1－2－33　窗帘控制模块组地址分配

（8）将应用程序下载到设备中

1）如未下载物理地址，则按下对应设备上的编程按钮，选择“完整下载”命令将物理地址和应用程序下载到设备中。

2）如已下载物理地址，则选择“下载应用”命令将应用程序下载到设备中。应用程序下载后，调试过程中如需更改参数或组对象链接，则选择“部分下载”命令即可。

3. 运行调试

电动卷帘控制系统总线设备参数设置与编程完成后，要对整个系统进行运行调试。运行调试时，应按照控制要求逐一操作验证，观察各个功能能否正常实现。

测试按键 1 功能：控制卷帘开。

测试按键 2 功能：控制卷帘合。

测试按键 3 功能：既能控制开又能控制合。

测试按键 4 功能：控制卷帘开到 50% 位置。

如果功能正常实现，则运行调试结束；如果功能未正常实现，则需要排查故障，可以借助 ETS 软件的诊断功能查找故障原因。

在 ETS5 软件中，可以通过菜单栏中的“诊断 D”菜单，或者主工具栏中的“诊断”按钮，打开“诊断”工作区面板，或者在“总线”标签界面，找到诊断工具“群组监视器”和“总线监视器”，如图 1－2－34 所示。

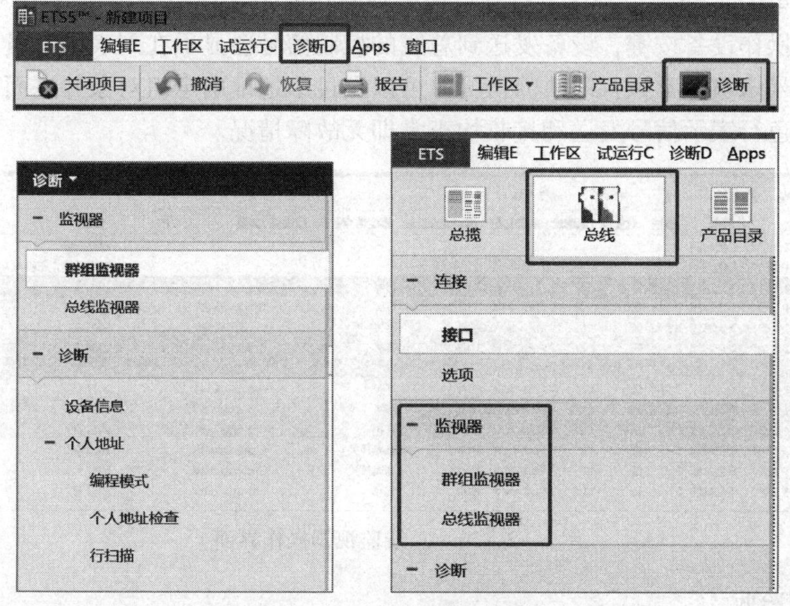

图 1－2－34　诊断工具

使用“群组监视器”和“总线监视器”可以帮助调试 KNX 系统，需要强调的是，“群组监视器”和“总线监视器”功能不能同时开启，必须关闭其中一个，才能打开另一个。

(1)“群组监视器”功能可以给指定的组地址发送设定信号，以便观察分配该组地址的输出设备是否有相应动作，若无动作，则说明输出设备安装、接线不正确或参数设置不正确，应逐一进行检查，排除故障。群组监视器使用时必须在确保通信正常的情况下在线进行操作，其操作界面如图 1－2－35 所示。

第 1 步：单击“开始”按钮，打开群组监视器功能。

第 2 步：在“组地址”框中输入需要监视的组地址。

第 3 步：在“值”框中设定需要给监视的组地址发送的信号状态或数据。

第 4 步：单击“写入”按钮，则设定的信号将发送到总线，与该组地址绑定的组对象将按照信号动作，在区域 5 中会显示信号发送是否成功。

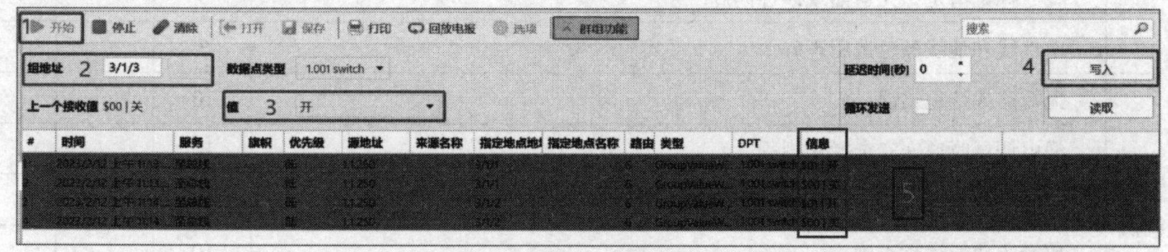

图 1－2－35　群组监视器操作界面

(2)“总线监视器”功能通过监视操作各个设备时能否成功在总线中发送或接收控制信

号，从而判断故障原因。总线监视器与设备的状态反馈功能配合使用才能更好地发挥作用，其操作界面如图 1－2－36 所示。

第 1 步：单击“开始”按钮，打开总线监视器功能。

第 2 步：操作设备按键，设备发送到总线的控制信号会显示在列表中，黄、绿底色行表示设备操作信号未被正常执行即故障情况，可以通过组地址确定组对象并进而确定设备，排查故障；无底色行表示信号发送和接收均正常即无故障情况。

开始 停止 清除 打开 保存 打印 选项 搜索

#	时间	服务	旗帜	优先级	源地址	来源名称	指定地点地址	指定地点名称	路由器	类型	DPT	信息
1	2023/2/12 下午 12:06:...	连接时间										建立连接
2	2023/2/12 下午 12:06:...	开始										录音开始，主机=LAPTOP-BAVCRCSJ...
3	2023/2/12 下午 12:06:...	来自总线	S=0	低	1.1.1	Push-butt...	2/1/1	开关	6	GroupValueW...		$00 | 关
4	2023/2/12 下午 12:06:...	来自总线	R S=1	低	1.1.1	Push-butt...	2/1/1	开关	6	GroupValueW...		$00 | 关
5	2023/2/12 下午 12:06:...	来自总线	R S=2	低	1.1.1	Push-butt...	2/1/1	开关	6	GroupValueW...		$00 | 关
6	2023/2/12 下午 12:06:...	来自总线	R S=3	低	1.1.1	Push-butt...	2/1/1	开关	6	GroupValueW...		$00 | 关
7	2023/2/12 下午 12:06:...	来自总线	S=4	低	1.1.1	Push-butt...	2/1/1	开关	6	GroupValueW...		$01 | 开
8	2023/2/12 下午 12:06:...	来自总线	R S=5	低	1.1.1	Push-butt...	2/1/1	开关	6	GroupValueW...		$01 | 开
9	2023/2/12 下午 12:06:...	来自总线	R S=6	低	1.1.1	Push-butt...	2/1/1	开关	6	GroupValueW...		$01 | 开
10	2023/2/12 下午 12:06:...	来自总线	R S=7	低	1.1.1	Push-butt...	2/1/1	开关	6	GroupValueW...		$01 | 开
11	2023/2/12 下午 12:07:...	来自总线	S=0	低	1.1.1	Push-butt...	3/1/1	调光开关	6	GroupValueW...		$00 | 关
12	2023/2/12 下午 12:07:...	来自总线	S=2	低	1.1.1	Push-butt...	3/1/1	调光开关	6	GroupValueW...		$01 | 开
13	2023/2/12 下午 12:07:...	来自总线	S=4	低	1.1.1	Push-butt...	3/1/2	调光	6	GroupValueW...		$01 | 开

图 1－2－36 总线监视器操作界面

4. 整理与验收

运行调试结束后，小组成员分工打扫卫生，整理工位，交付验收。

任务测评

考核及成绩评定见表 1－2－7。

表 1－2－7 考核及成绩评定表

评价内容		配分	Y/N	得分
设备安装	按图实施，完成所有设备的安装与线路连接	5		
	安装方法、步骤正确，布线横平竖直、整洁有序	5		
	所有设备固定安全、牢固、无晃动	5		
	实施过程中导线绝缘层或线芯无损伤	5		
	接线紧固、美观，接点牢固，接头漏铜长度适中，无反圈、压绝缘层问题	5		
	线号标记清楚，无遗漏或误标问题	5		
	中性线和地线颜色选用正确	3		
功能调试	无短路或接地错误	10		
	通电调试时遵守安全操作规程	10		
	按键 1 功能运行正确	10		
	按键 2 功能运行正确	10		
	按键 3 功能运行正确	10		
	按键 4 功能运行正确	10		

续表

评价内容		配分	Y/N	得分
安全文明生产	实施过程中无违规操作	4		
	实施过程中始终保持场地整洁，实施结束后将场地整理干净，符合“6S”管理制度	3		
合计		100		

任务3　电动百叶窗帘控制系统的安装与调试

学习目标

1. 能根据工作任务联系单和现场勘察，明确工时、工作内容等要求。
2. 能根据任务要求，列出所需器材和资料清单并做好准备，合理制订工作计划。
3. 能认识并使用 KNX 电源模块、智能面板、百叶窗帘控制模块、USB 接口等完成电动百叶窗帘控制系统的设备安装和线路连接。
4. 能使用 ETS 软件编程并调试电动百叶窗帘控制系统，实现电动百叶窗帘的控制功能。

任务描述

学院智能照明实习教室需要安装一套 KNX 智能窗帘控制系统，能根据用户的要求使用智能面板控制电动百叶窗帘。电工班接到任务后，通过现场勘察、查阅资料明确安装电动百叶窗帘控制系统所需的设备和软件，制订工作计划，列出器材和资料清单，按照安全操作规程要求，在规定时间内完成电动百叶窗帘控制系统的安装与调试，填写工作任务联系单交付班组长验收。本任务控制要求如下：使用一个智能面板的 3 个按键控制电动百叶窗帘，按键 1 控制百叶窗帘开，按键 2 控制百叶窗帘合，按键 3 控制百叶窗帘开一半且叶片角度转到一半位置。

相关知识

电动百叶窗帘采用交流管状电动机，电动机噪声小，旋钮式行程调试，行程控制精确、可靠，能用一台电动机完成百叶窗帘的上下开合和叶片的翻转动作。

百叶窗帘与卷帘的控制区别在于：卷帘只需要控制开合，而百叶窗帘除了要控制开合之外，还要控制叶片转动的角度。

电动百叶窗帘控制系统需要用到的总线设备除了 KNX 电源模块、USB 接口、智能面板之外，还有输出设备——百叶窗帘控制模块。

百叶窗帘控制模块常用的有 2 路、4 路、8 路，多功能模块可以达到 12 路；其带有手动控制按键，10 A 负载能力，报警功能，锁定功能，可以通过气象站模块进行高级控制，可以调节模块回路的输出运行时间。

2 路 230 V 百叶窗帘控制模块 MTN649802 如图 1－3－1 所示，内置总线耦合器，可用于对 2 台百叶窗帘或 2 台卷帘驱动装置进行独立控制，其通道的功能可任意配置，并且均可用按键进行手动操作。

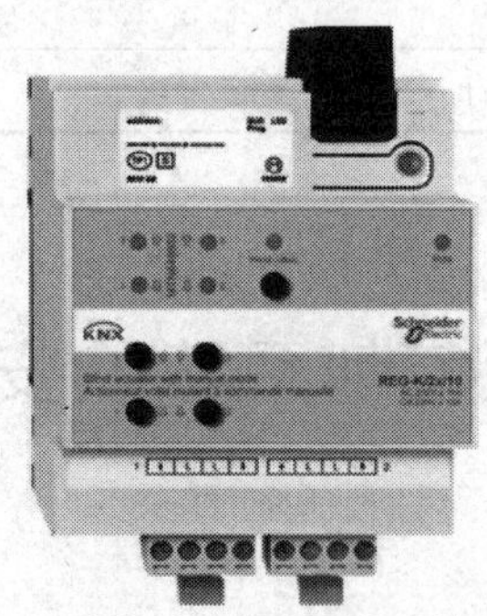

图 1－3－1　2 路 230 V 百叶窗帘控制模块 MTN649802

2 路 230 V 百叶窗帘控制模块 MTN649802 的功能主要包括运行时间、暂停时间、逐步移动时间控制功能，多种联锁功能，天气报警功能，调节百叶窗帘高度和叶片的 8 位定位功能，场景功能，手动/自动功能，多种状态显示和反馈功能等。

2 路 230 V 百叶窗帘控制模块 MTN649802 安装在 EN 50022 标准的 DIN 导轨上，通过 KNX 总线连接端子与 KNX 总线相连接，无须数据导轨数据条。相关参数如下：

额定电压：AC 230 V，50～60 Hz。

额定电流：10 A。

电动机负载最大功率：1 000 W。

设备宽度：4 模数，约 72 mm。

2 路 230 V 百叶窗帘控制模块 MTN649802 的操作面板如图 1－3－2 所示，其指示灯、按键的功能如下：

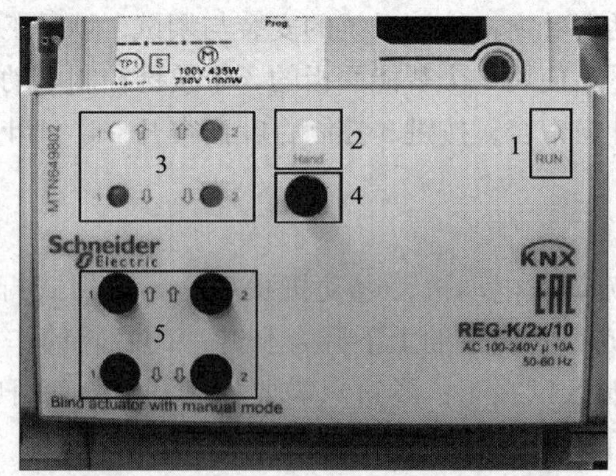

图 1－3－2　2 路 230 V 百叶窗帘控制模块 MTN649802 的操作面板

（1）运行指示灯“RUN”（绿色）点亮，表示百叶窗帘控制模块正常运行，应用程序已经下载成功，可以对 KNX 系统的控制指令进行反馈和应答。

（2）手动运行指示灯“Hand”（红色）点亮，表示手动操作模式开启。

（3）通道状态指示灯（黄色），表示通道 1 和通道 2 所连接的窗帘处于上升或下降运行状态。

（4）手动控制按键，可以开启或者关闭手动控制功能（也可以通过软件设置）。

（5）通道控制按键，用于手动控制各通道连接的窗帘动作，每个通道连接的窗帘可以通过手动控制按键实现上升、下降、停止功能。

任务实施

一、明确任务

工作任务联系单见表 1－3－1。

表 1－3－1　　工作任务联系单

申报项目	申报地点		申报人		联系电话	
	申报事项	给实习教室安装电动百叶窗帘控制系统，使用一个智能面板的 3 个按键控制电动百叶窗帘，按键 1 控制百叶窗帘开，按键 2 控制百叶窗帘合，按键 3 控制百叶窗帘开到 50% 位置并且叶片角度转到 50% 位置				
	申报时间		要求完成时间		派单人	
接单人			开始时间		完成时间	
安装调试项目	所需器材		KNX 电源模块、USB 接口、百叶窗帘控制模块、智能面板、电动百叶窗帘、导轨、配电箱、KNX 总线、导线等			
	安装位置					
	实施建议		清理现场，规划安装区域，做好实施准备			
验收项目	实施人员工作态度是否端正：　是□　否□ 本次是否解决问题：　是□　否□ 是否按时完成：　是□　否□ 完成质量：　优□　良□　中□　差□ 客户评价：　非常满意□　基本满意□　不满意□ 客户意见或建议：					
	客户签名			实施人员签名		

二、制订工作计划

1. 小组成员及分工（见表 1－3－2）

表 1－3－2　　小组成员及分工

序号	姓名	分工
		小组负责人
		安全员
		施工员

2. 器材和资料清单（见表 1-3-3）

表 1-3-3　　器材和资料清单

工具	电工通用工具（1 套）、专用工具（如手电钻、压线钳、各种扳手等）			
仪表	ZC25-3 型兆欧表（500V）、MG3-1 型钳形电流表、MF47 型万用表等			
资料	工作任务联系单、设备产品说明书、ETS 软件使用手册、施工图纸、电工安全操作规程、电工手册、电气装置安装工程施工及验收规范等			
材料	导轨、KNX 总线、导线、线槽、线管、绝缘材料等			
器件	序号	名称	型号	数量
	1	断路器	EA9AN2C10	1
	2	KNX 电源模块	MTN684064	1
	3	USB 接口	MTN681829	1
	4	百叶窗帘控制模块	MTN649802	1
	5	智能面板	MTN628419	1
	6	电动百叶窗帘	—	1
	7	配电箱	—	1

3. 工序及工期安排（见表 1-3-4）

表 1-3-4　　工序及工期安排

序号	工作内容	完成时间	备注
1	设备安装与线路连接		
2	参数设置与编程		
3	运行调试		
4	整理与验收		

4. 安全防护措施

（1）团队协作，设立专职安全员，一人安装，另一人监护。

（2）遵循健康和安全标准，使用合适的个人防护用品，包括安全鞋靴、耳朵和眼睛护具等。

（3）合理规划工作区域，最大限度地提高效率并保持工作区域的环境卫生。

（4）安全使用工具和仪器仪表并保持清洁，妥善保存。

（5）上电前应确保人身、设备安全，通电测试必须按功能要求完成每一个功能的检测，以确保设备运行正常，达到功能控制要求。

三、现场实施

1. 设备安装与线路连接

（1）设备安装与接线

电动百叶窗帘控制系统的配电箱内设备安装与接线示意图如图 1-3-3 所示，KNX 总线的单股硬线芯直接插接在红黑端子上即可，由于本任务负载较小，负载电源线使用 1 mm^2 BV 导线敷设。

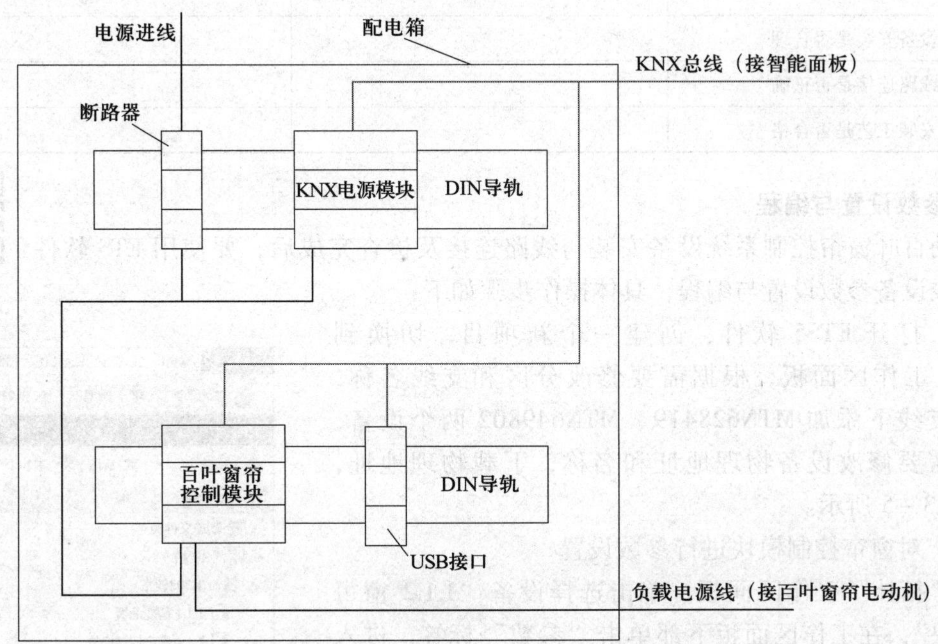

图 1－3－3　配电箱内设备安装与接线示意图

电动百叶窗帘控制系统的整体接线示意图如图 1－3－4 所示。

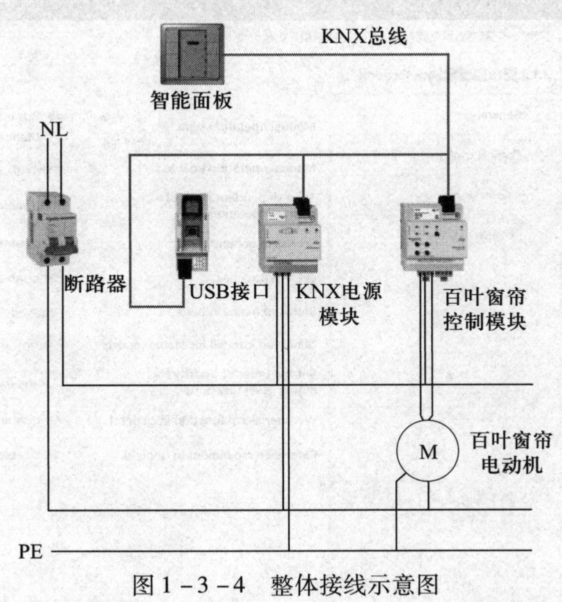

图 1－3－4　整体接线示意图

（2）自检、互检

安装和接线完毕，应进行自检、互检，并记录自检和互检情况，见表 1－3－5。

表 1－3－5　　自检、互检记录表

检查项目	检查结果	
	自检	互检
设备安装是否合理		
线路连接是否正确		
安装工艺是否合格		

2. 参数设置与编程

电动百叶窗帘控制系统设备安装与线路连接及检查完成后，要使用 ETS 软件进行总线设备参数设置与编程，具体操作步骤如下：

（1）打开 ETS5 软件，创建一个新项目，切换到“拓扑”工作区面板，根据需要修改分区和支线名称，在相应支线下添加 MTN628419、MTN649802 两个设备，并根据需要修改设备物理地址和名称，下载物理地址，如图 1－3－5 所示。

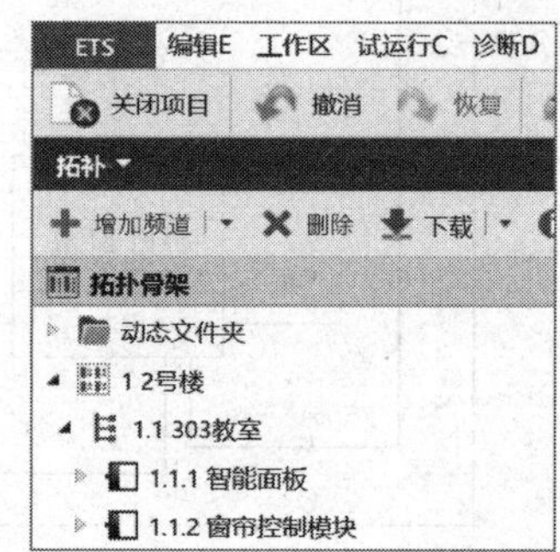

图 1－3－5　创建项目，添加设备

（2）对窗帘控制模块进行参数设置

在“拓扑”工作区面板，单击选择设备“1.1.2 窗帘控制模块”，在工作区面板下部单击“参数”标签，进入“1.1.2 窗帘控制模块”的“General”（通用）标签界面，如图 1－3－6 所示。

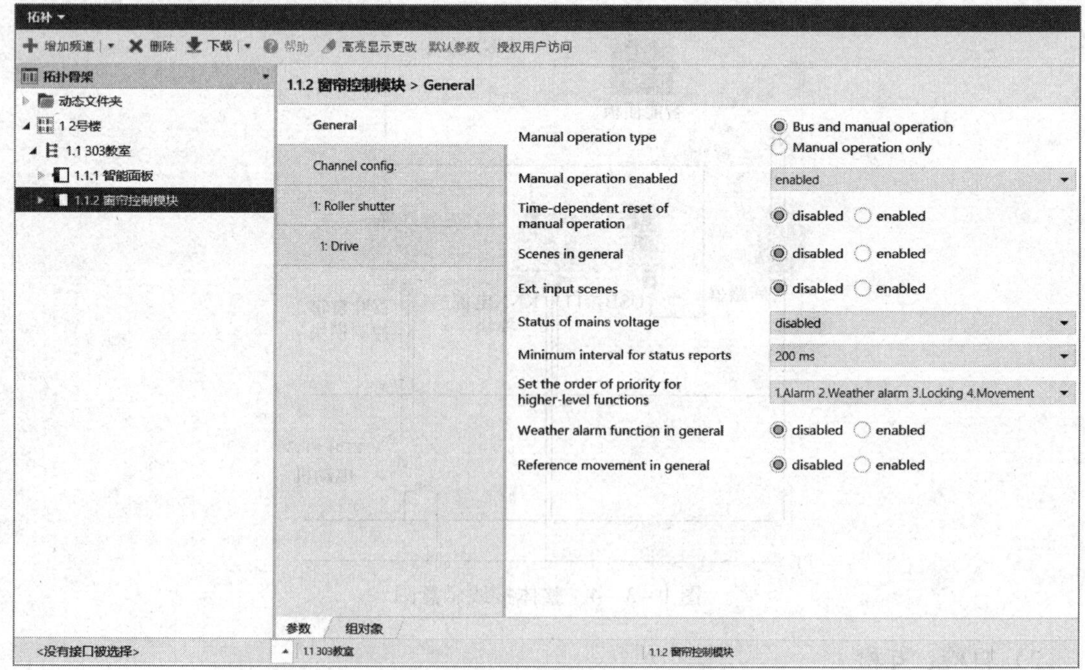

图 1－3－6　窗帘控制模块的参数设置界面

单击切换到“Channel config.”（通道配置）标签界面，其下有八个通道，其中，“Channel 1 operation mode”（通道1操作模式）参数默认设置为“Blind”（百叶窗帘）选项，即为百叶窗帘控制模式，如图1－3－7所示。注：“Channel 1 operation mode”（通道1操作模式）参数有三个选项，分别为“disabled”“Blind”“Roller shutter”，分别表示关闭通道、百叶窗帘控制模式、卷帘控制模式。

1.1.2 窗帘控制模块 > Channel config.

General	Channel 1 operation mode	Blind
Channel config.	Channel 2 operation mode	disabled
1: Blind	Channel 3 operation mode	disabled
1: Drive	Channel 4 operation mode	disabled
	Channel 5 operation mode	disabled
	Channel 6 operation mode	disabled
	Channel 7 operation mode	disabled
	Channel 8 operation mode	disabled

图1－3－7　窗帘控制模块参数设置1

在“1: Blind”（通道1：百叶窗帘）标签界面，对通道1百叶窗帘进行参数设置，如图1－3－8所示。本任务只需要对“How does the existing blind move?”（当前百叶窗帘如何运动?）和“Slat position after movement”（运动后叶片的位置）两个参数进行设置，两个参数的选项及其含义如图1－3－9所示，应根据实际需要选择。

General	How does the existing blind move?	downwards closed / upwards horizontal
Channel config.	Slat position after movement	last slat position
1: Blind	Automatic controls / Presets	disabled
1: Drive	Scenes	disabled / enabled
	Manual locking	inactive
	Calibration	disabled / enabled
	Weather alarm	disabled / enabled
	Alarm function	disabled / enabled
	Disable function	disabled / enabled
	Movement range limits	disabled / enabled
	Failure mode	disabled / enabled
	Status signals	disabled / enabled
	Manual operation when bus voltage fails (mains voltage present)	disabled / enabled

图1－3－8　窗帘控制模块参数设置2

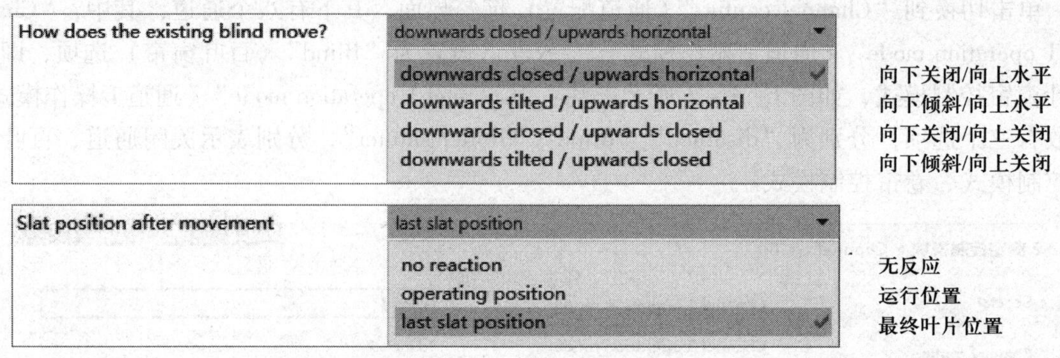

图 1-3-9　百叶窗帘控制参数的选项及其含义

在"1: Drive"（通道 1：驱动）标签界面设置详细参数，如图 1-3-10 所示。对百叶窗帘的开合控制是通过时间原则进行的，因此，需要设置"Time base for running time of height adjustment"（高度调整运行时间基准）、"Factor for running time for height adjustment(10-64000), 1 second = 1000 ms"（高度调整运行时间系数）、"Time base for running time of slat"（叶片运行时间基准）和"Factor for running time of slat(5-255)"（叶片运行时间系数）等参数，为确保百叶窗帘和叶片的开关位置和速度正确，具体数值应根据实际需要确定。

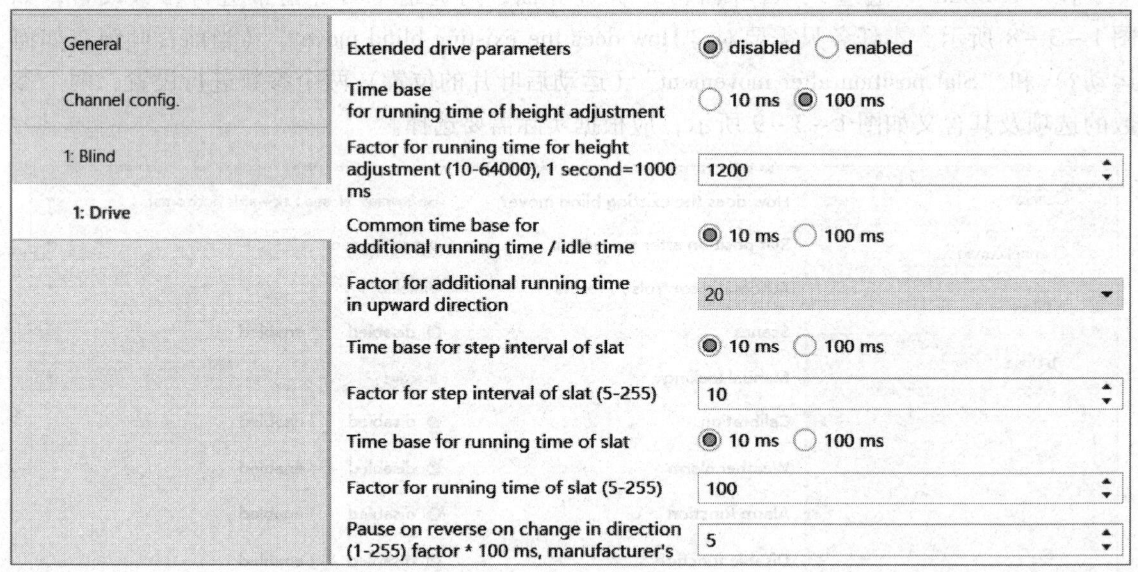

图 1-3-10　窗帘控制模块参数设置 3

（3）对智能面板进行参数设置

在"1.1.1 智能面板"的"General"（通用）标签界面，"Push-button module"（按键组件）参数设置实际使用的智能面板类型，"Operational LED"（操作 LED 指示灯）参数设置智能面板上的 LED 指示灯是否点亮。本任务将"Push-button module"（按键组件）参数设置为"4-gang IR"（带红外功能的八键智能面板），如图 1-3-11 所示。

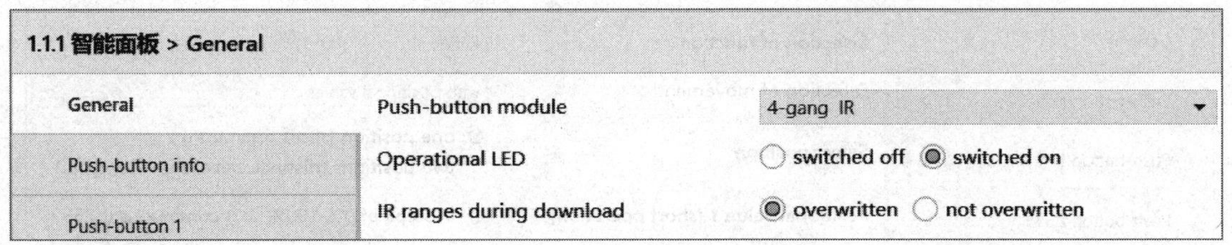

图 1－3－11　智能面板参数设置

1）“Push-button 1”（按键 1）用作百叶窗帘上升控制按键，参数设置如图 1－3－12 所示，其中，“Selection of function”（功能选择）参数设置为“Blind”（百叶窗帘），“Detection of long operating time 100ms * factor(4-250)”（长时间操作检测设置）参数可根据实际需要设置，“Direction of movement”（运动方向）参数设置为“UP”，“Triggering of status LED”（状态 LED 指示灯触发设置）参数用于控制按键状态 LED 指示灯何时亮灭，默认按下时亮，松开时灭。

General	Selection of function	Blind
Push-button info	Detection of long operating time 100ms * factor (4-250)	6
Push-button 1	Direction of movement	UP
Push-button 2	Triggering of status LED	operation = ON / release = OFF

图 1－3－12　智能面板按键 1 参数设置

2）“Push-button 2”（按键 2）用作百叶窗帘下降控制按键，参数设置如图 1－3－13 所示，其中，“Selection of function”（功能选择）参数设置为“Blind”（百叶窗帘），“Direction of movement”（运动方向）参数设置为“DOWN”，其他参数根据实际需要设置。

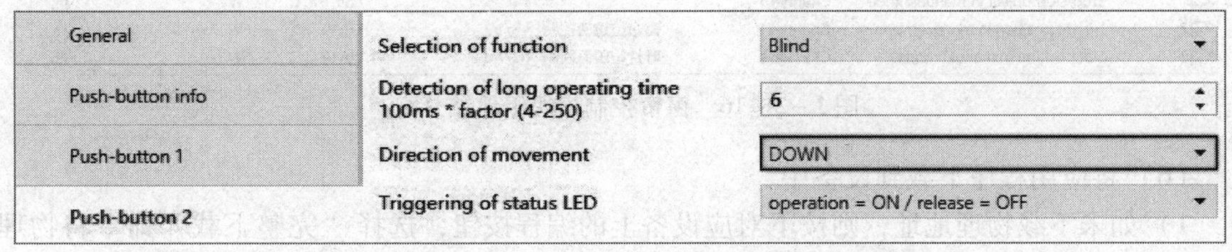

图 1－3－13　智能面板按键 2 参数设置

3）“Push-button 3”（按键 3）用作百叶窗帘叶片角度控制按键，参数设置如图 1－3－14 所示，其中，“Selection of function”（功能选择）参数设置为“Blind”（百叶窗帘），“Direction of movement”（运动方向）参数设置为“with positional values”（采用位置值），“Value for blind position”（百叶窗帘位置值）参数设置为“50%”，“Value for slat position”（叶片位置值）参数设置为“50%”，其他参数使用默认设置即可。

（4）为智能面板分配组地址

依次为智能面板的组对象分配组地址，如图 1－3－15 所示。

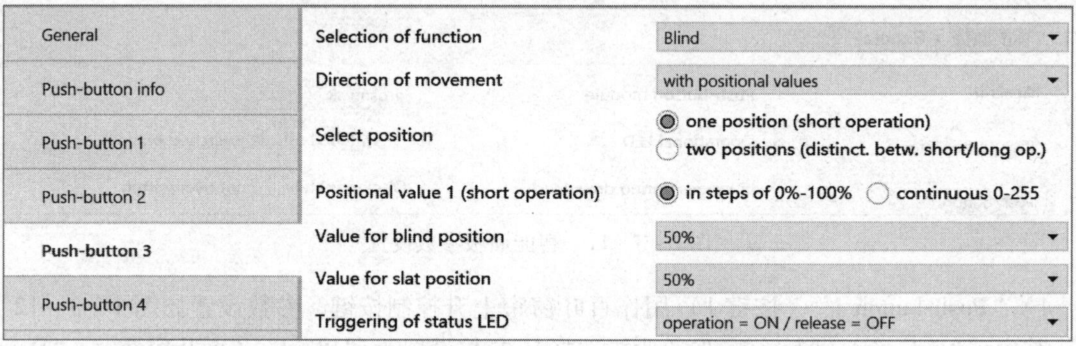

图 1－3－14　智能面板按键 3 参数设置

1.1.1 智能面板											
0	Stop/step object	Push-button 1			1 bit	C	-	-	T	-	低
1	Movement object	Push-button 1	上升	3/1/1	1 bit	C	-	-	T	-	低
3	Stop/step object	Push-button 2			1 bit	C	-	-	T	-	低
4	Movement object	Push-button 2	下降	3/1/2	1 bit	C	-	-	T	-	低
6	Blind position	Push-button 3	窗帘位置值控制	3/1/3	1 byte	C	-	-	T	-	低
7	Slat position	Push-button 3	叶片位置值控制	3/1/4	1 byte	C	-	-	T	-	低
9	Switch object A	Push-button 4			1 bit	C	-	W	T	-	低
12	Switch object A	Push-button 5			1 bit	C	-	W	T	-	低
15	Switch object A	Push-button 6			1 bit	C	-	W	T	-	低
18	Switch object A	Push-button 7			1 bit	C	-	W	T	-	低
21	Switch object A	Push-button 8			1 bit	C	-	W	T	-	低
24	Switch object A	Auxiliary push-button			1 bit	C	-	W	T	-	低

图 1－3－15　智能面板组地址分配

（5）为窗帘控制模块分配组地址

依次为窗帘控制模块的四个组对象分配组地址，如图 1－3－16 所示。

1.1.2 窗帘控制模块											
0	Movement object in manual mode	Channel 1	上升	3/1/1, 3/1/2	1 bit	C	-	W	-	-	低
1	Stop/step object in manual mode	Channel 1			1 bit	C	-	W	-	-	低
2	Height position in manual mode	Channel 1	窗帘位置值控制	3/1/3	1 byte	C	-	W	-	-	低
3	Slat position in manual mode	Channel 1	叶片位置值控制	3/1/4	1 byte	C	-	W	-	-	低

图 1－3－16　窗帘控制模块组地址分配

（6）将应用程序下载到设备中

1）如未下载物理地址，则按下对应设备上的编程按钮，选择“完整下载”命令将物理地址和应用程序下载到设备中。

2）如已下载物理地址，则选择“下载应用”命令将应用程序下载到设备中。应用程序下载后，调试过程中如需更改参数或组对象链接，则选择“部分下载”命令即可。

3. 运行调试

电动百叶窗帘控制系统总线设备参数设置与编程完成后，要对整个系统进行运行调试。运行调试时，应按照控制要求逐一操作验证，观察各个功能能否正常实现。

测试按键 1 功能：控制百叶窗帘开。

测试按键 2 功能：控制百叶窗帘合。

测试按键 3 功能：控制百叶窗帘开到 50% 位置并且叶片角度转到 50% 位置。

如果功能正常实现，则运行调试结束；如果功能未正常实现，则需要排查故障，可以借助 ETS 软件的诊断功能查找故障原因。

注意：百叶窗帘开合情况与具体接线有关，如果百叶窗帘运动方向反向，只需将正反转接线对调一下即可。

4. 整理与验收

运行调试结束后，小组成员分工打扫卫生，整理工位，交付验收。

任务测评

考核及成绩评定见表 1－3－6。

表 1－3－6　　考核及成绩评定表

评价内容		配分	Y/N	得分
设备安装	按图实施，完成所有设备的安装与线路连接	5		
	安装方法、步骤正确，布线横平竖直、整洁有序	5		
	所有设备固定安全、牢固、无晃动	5		
	实施过程中导线绝缘层或线芯无损伤	5		
	接线紧固、美观，接点牢固，接头漏铜长度适中，无反圈、压绝缘层问题	5		
	线号标记清楚，无遗漏或误标问题	5		
	中性线和地线颜色选用正确	3		
功能调试	无短路或接地错误	10		
	通电调试时遵守安全操作规程	10		
	按键 1 功能运行正确	10		
	按键 2 功能运行正确	10		
	按键 3 功能运行正确	20		
安全文明生产	实施过程中无违规操作	4		
	实施过程中始终保持场地整洁，实施结束后将场地整理干净，符合“6S”管理制度	3		
合计		100		

课题二 智能照明控制系统的安装与调试

任务1 走廊自动灯光控制系统的安装与调试

学习目标

1. 熟悉照明相关术语、照明方式与种类的确定、光源的分类与选择和照明标准值。

2. 能根据工作任务联系单和现场勘察，明确工时、工作内容等要求。

3. 能根据任务要求，列出所需器材和资料清单并做好准备，合理制订工作计划。

4. 能认识并使用 KNX 电源模块、移动感应器、开关控制模块、USB 接口等完成走廊自动灯光控制系统的设备安装和线路连接。

5. 能使用 ETS 软件编程并调试走廊自动灯光控制系统，实现走廊自动灯光控制功能。

任务描述

KNX 智能照明控制系统广泛应用于高级写字楼、机场、体育馆等建筑中，可以实现更加方便、节能的灯光控制，其中，常用的总线设备是开关控制模块和调光控制模块。

学院智能照明实习教室外走廊需要安装一套 KNX 智能照明控制系统，能根据用户要求使用移动感应器自动控制灯光的开、关。电工班接到任务后，通过现场勘察、查阅资料明确安装走廊自动灯光控制系统所需的设备和软件，制订工作计划，列出器材和资料清单，按照安全操作规程要求，在规定时间内完成走廊自动灯光控制系统的安装与调试，填写工作任务联系单交付班组长验收。本任务控制要求如下：使用移动感应器控制一盏灯，有人经过时，灯光自动点亮，15 s 后灯光自动熄灭。

相关知识

一、照明相关术语

光的本质是电磁波，波长范围为 380 ~ 780 nm 的电磁波辐射到人的眼睛，经视觉系统转换为可见光。

1. 色温

光源发出的光的颜色与黑体在某一温度下辐射的颜色相同时，黑体的温度称为该光源的色温，用绝对温度 K 表示。

黑体辐射理论是建立在热辐射基础上的，因此，白炽灯等热辐射光源的光谱功率分布与黑体在可见光区的光谱功率分布比较接近，都是连续光谱，用色温完全可以描述这类光源的颜色特性。而气体放电光源一般为非连续光谱，与黑体辐射的连续光谱不能完全吻合，因此采用相关色温来近似描述其颜色特性。

色温（或相关色温）在 3 300 K 以下的光源，颜色偏红，给人一种温暖的感觉；色温超过 5 300 K 的光源，颜色偏蓝，给人一种清冷的感觉。色温值越高，冷感越强；色温值越低，暖感越强、越柔和。光源设计集中在 2 000 ~ 4 300 K 和 5 800 ~ 6 500 K 两个色温区。通常气温较高的地区多采用色温高于 4 000 K 的光源，而气温较低的地区则多采用色温在 4 000 K 以下的光源。不同色温的光源的特点见表 2 – 1 – 1。

表 2 – 1 – 1　不同色温的光源的特点

色温	光色	气氛	效果	光源
小于 3 300 K	温暖	带橘黄的光	温暖的感觉	白炽灯、卤钨灯
3 300 ~ 5 300 K	中间	接近自然光	无明显心理效果	荧光灯、金属卤化物灯
大于 5 300 K	清冷	带蓝白的光	清冷的感觉	荧光灯

2. 显色指数

太阳光和白炽灯均为连续光谱，在可见光的波长范围内，包含红、橙、黄、绿、青、蓝、紫等各种色光。物体在太阳光和白炽灯的照射下，显示出真实颜色，而物体在非连续光谱的气体放电光源的照射下，颜色会有不同程度的失真。光源对物体真实颜色的呈现程度称为光源的显色性。

为了对光源的显色性进行定量的评价，引入显色指数的概念，表示光源的色彩还原性能。物体在光源下的显示与在太阳光下的显示的真实度百分比值即为显色指数，用 Ra 表示。以标准光源即自然光（色温为 5 500 K 的白光）为准，其显色指数定为 100，其余光源的显色指数均低于 100。显色指数越大，光源的显色性越好。为了自然真实表现被照物体色彩，光源的显色指数应大于 80。显色指数通常分为五个等级，见表 2 – 1 – 2。

表 2 – 1 – 2　显色指数的等级

等级	显色指数 Ra	适用范围
1A	Ra≥90	颜色匹配、颜色检验（如美术馆、博物馆）
1B	80≤Ra＜90	印刷、喷漆、食品分拣、纺织工艺
2	60≤Ra＜80	办公室、表面处理、机电装配、控制室
3	40≤Ra＜60	机械加工、室外照明
4	20≤Ra＜40	仓库、道路照明及要求不高的地方

3. 光通量

光源发射并被人的眼睛接收的能量之和称为光通量，单位为流明（lm）。

通常情况下，同类型的光源，功率越高，光通量越大。例如，40 W 白炽灯的光通量为 350 ~ 470 lm，40 W 普通直管形荧光灯的光通量约为 2 800 lm。

4. 发光强度

光源在某一给定方向的单位立体角内发射的光通量称为光源在该方向的发光强度，简称光强，单位为坎德拉（cd）。

5. 照度

单位被照面上接收到的光通量称为照度，单位为勒克斯（lx）。如果每平方米被照面上接收到的光通量为 1 lm，则照度为 1 lx。

夏季阳光强烈的中午的地面照度约为 5 000 lx，冬季天晴时的地面照度约为 2 000 lx，晴朗月夜的地面照度约为 0.2 lx。

6. 亮度

光源在某一方向上的单位投影面积、单位立体角中发射的光通量称为光源在该方向上的亮度，单位为坎德拉每平方米（cd/m^2）。

如果把每个物体都视为光源，那么亮度就是描述光源光亮的程度，而照度是把每个物体都视为被照物。以一块木板为例，当一定量的光束照射到木板上时，就可以说木板的照度是多少；而木板将一定量的光束反射到人的眼睛，就可以说木板的亮度是多少。在同一房间同一位置的一块白布和一块黑布，两者的照度是相同的，而亮度是不同的。

7. 光视效能

光源所发出的总光通量与该光源所消耗的电功率的比值称为该光源的光视效能，简称光效，单位为流明每瓦特（lm/W）。

8. 眩光

眩光是指由于亮度分布不适当或亮度变化幅度太大，引起的视觉不舒适或降低观察能力的现象，俗称为"晃眼"。眩光按其形成机理分为直接眩光、干扰眩光、反射眩光、对比眩光、光幕反射等。

眩光指数 UGR 是度量眩光的参考量，其分类见表 2－1－3。

表 2－1－3　　眩光指数的分类

眩光指数 UGR	眩光标准分类
10	勉强感到有眩光
16	可以接受的眩光
19	眩光临界值
22	不舒适的眩光
28	不能忍受的眩光

二、照明方式与种类的确定

1. 照明方式的确定

照明方式一般可分为一般照明、局部照明、混合照明和重点照明。

（1）工作场所应设置一般照明。

（2）当同一场所内的不同区域有不同照度要求时，应采用分区一般照明。

（3）对于作业面照度要求较高，只采用一般照明不合理的场所，宜采用混合照明。

（4）在一个工作场所内，不应只采用局部照明。

（5）当需要提高特定区域或目标的照度时，宜采用重点照明。

2. 照明种类的确定

照明种类的确定应符合以下规定：

（1）室内工作及相关辅助场所，应设置正常照明。

（2）下列场所正常照明失效时，应设置应急照明。

1）需确保正常工作或活动继续进行的场所，应设置备用照明。备用照明是在正常照明因电源失效后，可能会造成爆炸、火灾和人身伤亡等严重事故的场所，或停止工作将造成很大影响或经济损失的场所而设置的继续工作用的照明，或在发生火灾时为了保证消防作用能正常进行而设置的照明。

2）需确保处于潜在危险之中的人员安全的场所，应设置安全照明。安全照明是在正常照明因电源失效后，为确保处于潜在危险状态下的人员安全而设置的照明，如使用圆盘锯的作业场所。

3）需确保人员安全疏散的出口和通道，应设置疏散照明。疏散照明是在正常照明因电源失效后，为避免发生意外事故而需要对人员进行安全疏散时，在出口和通道设置的指示出口位置及方向的疏散标志灯和为照亮疏散通道而设置的照明。

（3）需在夜间非工作时间值守或巡视的场所，应设置值班照明。值班照明是在非工作时间里，为需要夜间值守或巡视值班的车间、商店营业厅、展厅等场所提供的照明。一般照度要求不高，可以利用正常照明中能单独控制的一部分，也可以利用应急照明，对其电源没有特殊要求。

（4）需警戒的场所，应根据警戒范围的要求设置警卫照明。在重要的厂区、库区等有警戒任务的场所，应根据警戒范围的要求设置警卫照明。

（5）在危及航行安全的建筑物、构筑物上，应根据相关部门的规定设置障碍照明。在飞行区域建设的高楼、烟囱、水塔等，对飞机的安全起降可能构成威胁，应按民航部门的规定，装设障碍标志灯；船舶在夜间航行时，航道两侧或中间的建筑物、构筑物或障碍物等，可能危及航行安全，应按交通部门有关规定，在有关建筑物、构筑物或障碍物上装设障碍标志灯。

三、光源的分类与选择

1. 常用人造电光源

现代生活和生产当中最常用的人造光源是各类电光源，按照发光机理主要分为热辐射、气体放电和电致发光三类。常见的人造电光源种类如图 2－1－1 所示。

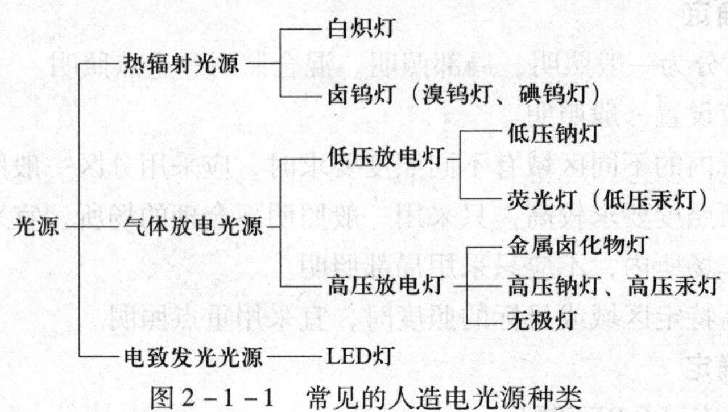

图 2－1－1　常见的人造电光源种类

（1）热辐射光源

白炽灯和卤钨灯是常见的热辐射光源，如图 2－1－2 所示。

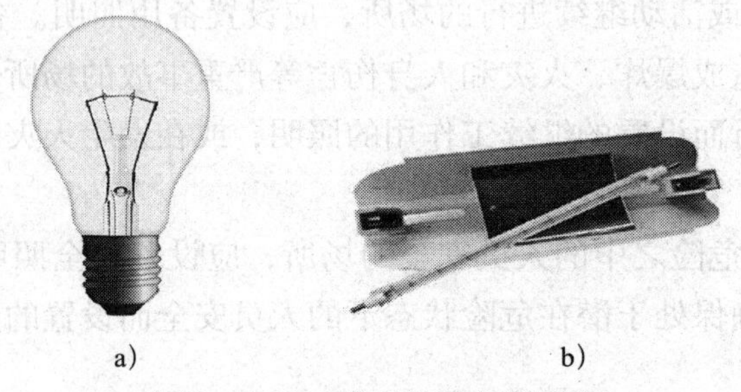

图 2－1－2　常见的热辐射光源

a）白炽灯　b）卤钨灯

白炽灯的优点是结构简单、使用方便、价格便宜，缺点是光效低、使用寿命较短，适用于照度要求较低、开关次数频繁的室内、室外照明。

卤钨灯的优点是光效高于白炽灯、光色好、使用寿命较长，缺点是灯座温度高、安装要求高、偏角不得大于 4°、价格较高，适用于照度要求较高、悬挂高度较大的室内、室外照明。

白炽灯和卤钨灯都可以在任意方位下工作，通电之后立即点亮，还可以方便地开、关，调光容易实现且成本较低，调暗灯光可以延长光源的使用寿命。调光时，白炽灯随着发光强度降低而颜色逐渐变红。

（2）气体放电光源

荧光灯是常见的低压气体放电光源，如图 2－1－3 所示，气体放电光源能耗仅为白炽灯的 1/4。荧光灯又称为日光灯，即低压汞灯，是利用低压汞蒸气在通电后释放紫外线，从而使荧光粉发出可见光。荧光灯分为传统型荧光灯和节能灯。节能灯又称为紧凑型荧光灯，实际上是一种紧凑型、自带镇流器的荧光灯，可用来直接替换白炽灯。

金属卤化物灯、高压钠灯是常见的高压气体放电光源，如图 2－1－4 所示。高压气体放电光源体形精巧、使用寿命长、发光强度高、光效较高，经常用在道路照明、广场照明、体育馆或工厂厂房等大型室内场所照明中；需要使用镇流器控制其中的电流；工作时温度很高，需要设置一定的保护措施以避免触碰；需要一定的时间进行预热，如果工作时断电，则需要在光源彻底冷却之后才能再次开启点亮。

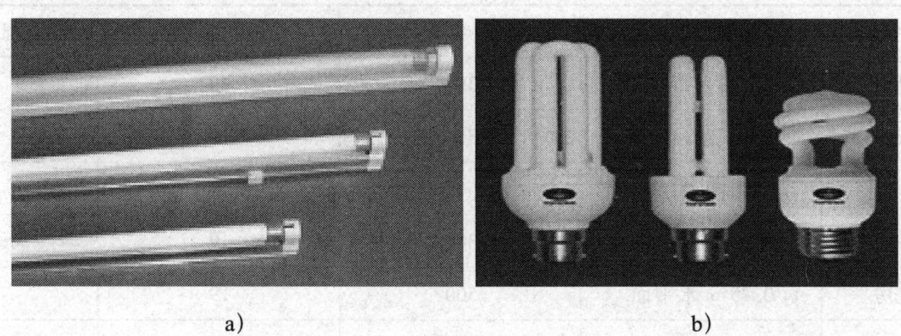

a)　　　　b)

图 2－1－3　常见的气体放电光源

a）传统型荧光灯　b）节能灯

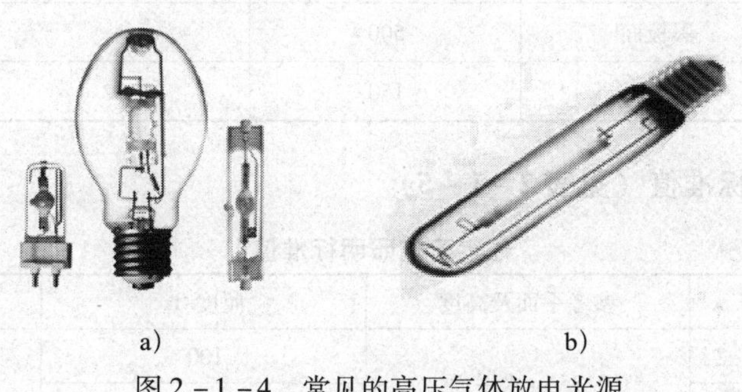

a)　　　　b)

图 2－1－4　常见的高压气体放电光源

a）金属卤化物灯　b）高压钠灯

（3）电致发光光源

发光二极管（LED）灯是一种常见的电致发光光源，采用电场发光，能够将电能转化为可见光，具有使用寿命长、光效高、能耗低、无辐射等特点。

2. 照明光源的选择

选择照明光源时，应满足显色性、启动时间等要求，并应根据光源、灯具及镇流器的效率或效能、使用寿命等进行综合分析比较后确定。

（1）灯具安装高度较小的房间宜采用细管直管形三基色荧光灯。

（2）灯具安装高度较大的场所，应按使用要求，采用金属卤化物灯、高压钠灯或高频大功率细管直管荧光灯。

（3）商店营业厅的一般照明宜采用细管直管形三基色荧光灯、小功率陶瓷金属卤化物灯，重点照明宜采用小功率陶瓷金属卤化物灯、发光二极管灯。

（4）旅馆的客房宜采用发光二极管灯、紧凑型荧光灯。

（5）照明设计通常不应采用白炽灯，对电磁干扰有严格要求且其他光源无法满足的特殊场所除外。

四、照明标准值

建筑照明设计中，通常需要关注的参数是照度、眩光指数、显色指数。

1. 教育建筑照明标准值（见表2－1－4）

表2－1－4 教育建筑照明标准值

房间或场所	参考平面及高度	照度/lx	眩光指数	显色指数
教室、阅览室	课桌面	300	19	80
实验室	实验桌面	300	19	80
美术教室	桌面	500	19	80
多媒体教室	0.75 m 水平面	300	19	80
电子信息机房	0.75 m 水平面	500	19	80
计算机教室、电子阅览室	0.75 m 水平面	500	19	80
楼梯间	地面	100	22	80
教室黑板	黑板面	500	—	80
学生宿舍	地面	150	22	80

2. 住宅建筑照明标准值（见表2－1－5）

表2－1－5 住宅建筑照明标准值

房间或场所		参考平面及高度	照度/lx	显色指数
起居室	一般活动	0.75 m 水平面	100	80
	书写、阅读		300*	
卧室	一般活动	0.75 m 水平面	75	80
	床头、阅读		150*	
餐厅		0.75 m 水平面	150	80
厨房	一般活动	0.75 m 水平面	100	80
	操作台	台面	150*	
卫生间		0.75 m 水平面	100	80
电梯前厅		地面	75	60
走廊、楼梯间		地面	50	60
车库		地面	30	60

注：* 表示宜采用混合照明。

五、走廊自动灯光控制系统的总线设备

走廊自动灯光控制系统需要用到的总线设备除了 KNX 电源模块、USB 接口之外，还有输入设备——移动感应器和输出设备——开关控制模块。

1. 输入设备——180°移动感应器（带耦合器、墙装）MTN632619

180°移动感应器（带耦合器、墙装）MTN632619 如图 2－1－5 所示，其探测到移动过程时，会立即发送控制信号到总线。

图 2－1－5　180°移动感应器（带耦合器、墙装）MTN632619

其关闭延迟时间设置范围为 1 s～152 h，并且可以从总线进行开关或锁闭操作；可以通过电位计设置晨昏感光开关的门限电平，晨昏感光开关的状态可作为控制信号传输给总线；可以设置探测到的移动信号循环发送方式；在识别到移动时，最多可以同时启动四个功能。相关参数如下：

探测范围：8 m（安装高度为 1.1 m）。

探测角度：180°。

光照度传感器：照度为 5～2 000 lx 内无级感应。

2. 输出设备——2 路 10 A 开关控制模块 MTN649202

2 路 10 A 开关控制模块 MTN649202 如图 2－1－6 所示。其通过常开触点独立控制两个额定电流在 10 A 以内的负载，可以自由设置开关通道的功能，可以通过按键手动控制所接负载，通过 LED 指示灯显示通道的状态，还有一个绿色 LED 指示灯显示操作准备就绪状态，内置总线耦合器。

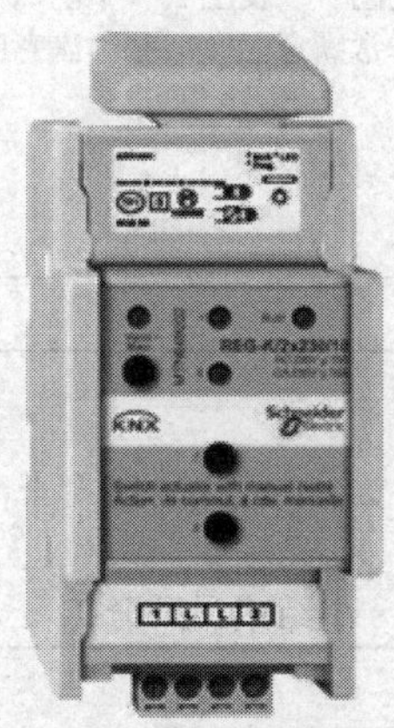

图 2－1－6　2 路 10 A 开关控制模块 MTN649202

2 路 10 A 开关控制模块 MTN649202 可以通过参数设置作为常闭或常开触点使用，每个通道都有延迟功能，其功能主要包括楼梯照明功能、场景功能、中央功能、连锁功能、逻辑操作功能、优先级控制功能、通道状态反馈功能。

2 路 10 A 开关控制模块 MTN649202 安装在 EN 50022 标准的 DIN 导轨上，通过 KNX 总线连接端子与 KNX 总线相连接，无须数据导轨数据条。相关参数如下：

额定功率：2 000 W。

白炽灯负载最大功率：1 700 W。

卤钨灯负载最大功率：1 800 W。

设备宽度：2. 5 模数，约 45 mm。

任务实施

一、明确任务

工作任务联系单见表 2－1－6。

表 2－1－6　　工作任务联系单

<table>
<tr><td rowspan="3">申报项目</td><td>申报地点</td><td></td><td>申报人</td><td></td><td>联系电话</td><td></td></tr>
<tr><td>申报事项</td><td colspan="5">给实习教室外走廊安装自动灯光控制系统，使用移动感应器控制一盏灯，有人经过时灯光自动点亮，15 s 后灯光自动熄灭</td></tr>
<tr><td>申报时间</td><td></td><td>要求完成时间</td><td></td><td>派单人</td><td></td></tr>
<tr><td rowspan="4">安装调试项目</td><td>接单人</td><td></td><td>开始时间</td><td></td><td>完成时间</td><td></td></tr>
<tr><td colspan="2">所需器材</td><td colspan="4">KNX 电源模块、USB 接口、移动感应器、开关控制模块、白炽灯、导轨、配电箱、KNX 总线、导线等</td></tr>
<tr><td colspan="2">安装位置</td><td colspan="4"></td></tr>
<tr><td colspan="2">实施建议</td><td colspan="4">清理现场，规划安装区域，做好实施准备</td></tr>
<tr><td rowspan="2">验收项目</td><td colspan="6">实施人员工作态度是否端正：　是□　否□
本次是否解决问题：　是□　否□
是否按时完成：　是□　否□
完成质量：　优□　良□　中□　差□
客户评价：　非常满意□　基本满意□　不满意□
客户意见或建议：</td></tr>
<tr><td>客户签名</td><td colspan="2"></td><td colspan="2">实施人员签名</td><td></td></tr>
</table>

二、制订工作计划

1. 小组成员及分工（见表 2－1－7）

表 2－1－7　　小组成员及分工

序号	姓名	分工
		小组负责人
		安全员
		施工员

2. 器材和资料清单（见表2-1-8）

表2-1-8　　器材和资料清单

<table>
<tr><td>工具</td><td colspan="4">电工通用工具（1套）、专用工具（如手电钻、压线钳、各种扳手等）</td></tr>
<tr><td>仪表</td><td colspan="4">ZC25-3型兆欧表（500V）、MG3-1型钳形电流表、MF47型万用表等</td></tr>
<tr><td>资料</td><td colspan="4">工作任务联系单、设备产品说明书、ETS软件使用手册、施工图纸、电工安全操作规程、电工手册、电气装置安装工程施工及验收规范等</td></tr>
<tr><td>材料</td><td colspan="4">导轨、KNX总线、导线、线槽、线管、绝缘材料等</td></tr>
<tr><td rowspan="9">器件</td><td>序号</td><td>名称</td><td>型号</td><td>数量</td></tr>
<tr><td>1</td><td>断路器</td><td>EA9AN2C10</td><td>1</td></tr>
<tr><td>2</td><td>KNX电源模块</td><td>MTN684064</td><td>1</td></tr>
<tr><td>3</td><td>USB接口</td><td>MTN681829</td><td>1</td></tr>
<tr><td>4</td><td>移动感应器</td><td>MTN632619</td><td>1</td></tr>
<tr><td>5</td><td>开关控制模块</td><td>MTN649202</td><td>1</td></tr>
<tr><td>6</td><td>白炽灯灯座</td><td>—</td><td>1</td></tr>
<tr><td>7</td><td>白炽灯灯泡</td><td>—</td><td>1</td></tr>
<tr><td>8</td><td>配电箱</td><td>—</td><td>1</td></tr>
</table>

3. 工序及工期安排（见表2-1-9）

表2-1-9　　工序及工期安排

序号	工作内容	完成时间	备注

4. 安全防护措施

（1）团队协作，设立专职安全员，一人安装，另一人监护。

（2）遵循健康和安全标准，使用合适的个人防护用品，包括安全鞋靴、耳朵和眼睛护具等。

（3）合理规划工作区域，最大限度地提高效率并保持工作区域的环境卫生。

（4）安全使用工具和仪器仪表并保持清洁，妥善保存。

（5）上电前应确保人身、设备安全，通电测试必须按功能要求完成每一个功能的检测，以确保设备运行正常，达到功能控制要求。

三、现场实施

1. 设备安装与线路连接

（1）设备安装与接线

走廊自动灯光控制系统的配电箱内设备安装与接线示意图如图2-1-7所示，KNX总线的单股硬线芯直接插接在红黑端子上即可，由于本任务负载较小，负载电源线使用 1 mm^2 BV 导线敷设。

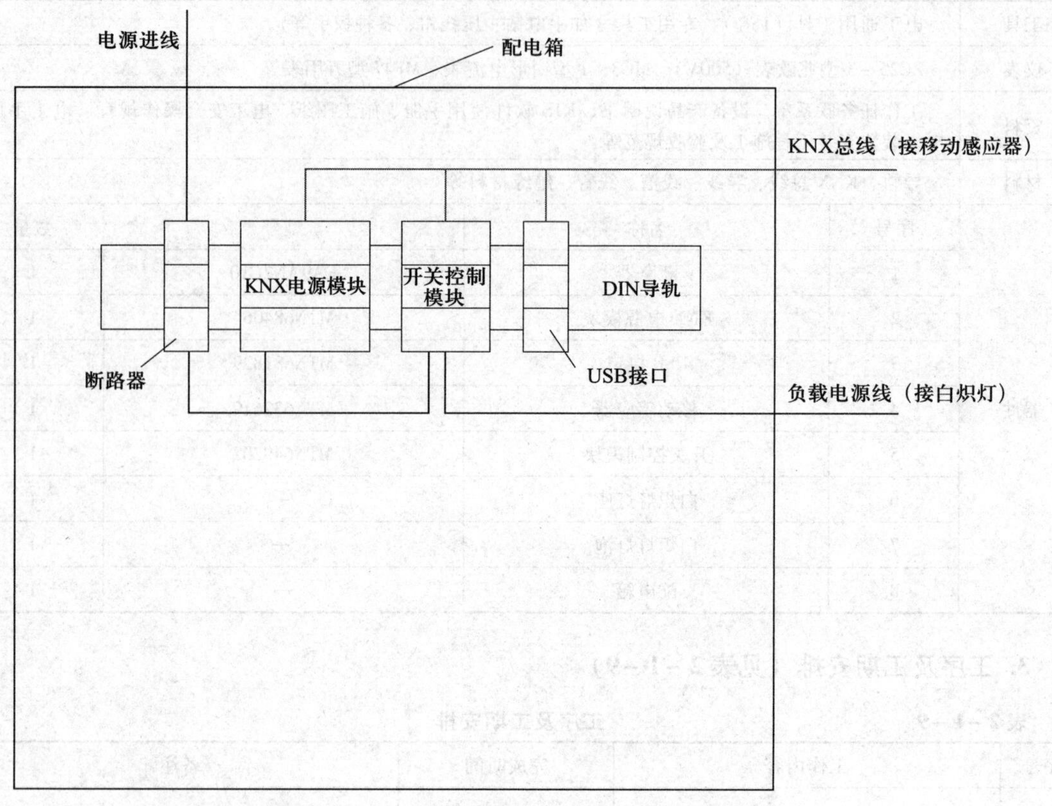

图 2－1－7　配电箱内设备安装与接线示意图

走廊自动灯光控制系统的整体接线示意图如图 2－1－8 所示。

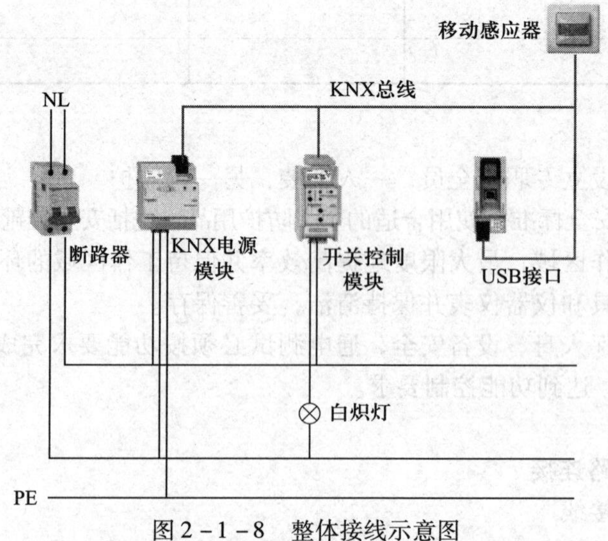

图 2－1－8　整体接线示意图

（2）自检、互检

安装和接线完毕，应进行自检、互检，并记录自检和互检情况，见表2－1－10。

表2－1－10　　自检、互检记录表

检查项目	检查结果	
	自检	互检
设备安装是否合理		
线路连接是否正确		
安装工艺是否合格		

2. 参数设置与编程

（1）打开ETS5软件，创建一个新项目，切换到“拓扑”工作区面板，根据需要修改分区和支线名称，在相应支线下添加MTN632619、MTN649202两个设备，并根据需要修改设备物理地址和名称，下载物理地址，如图2－1－9所示。

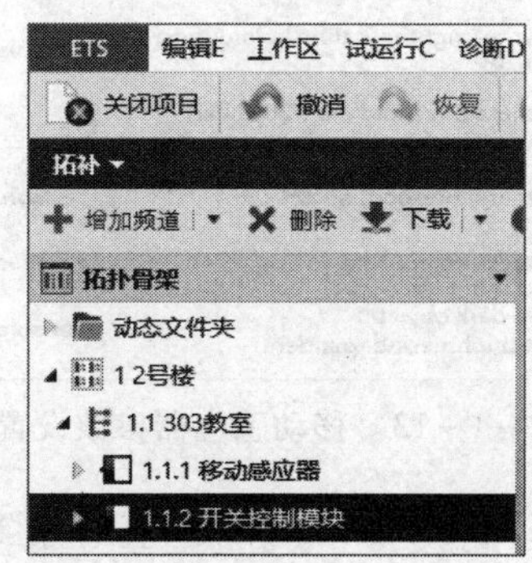

图2－1－9　创建项目，添加设备

（2）对移动感应器进行参数设置

在“拓扑”工作区面板，通过设备的“参数”标签对设备进行参数设置。

在“Block configuration”（块配置）标签界面，根据需要可以设置最多打开五个移动块控制对象，默认打开一个移动块“Movement Block 1”（移动块1），如图2－1－10所示。

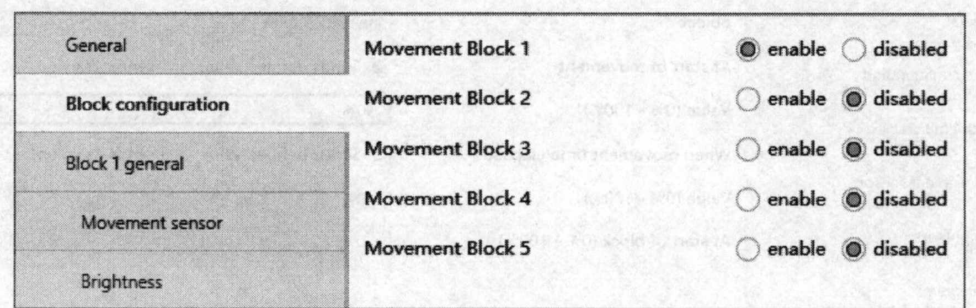

图2－1－10　移动感应器参数设置1

在“Movement sensor”（移动感应器）标签界面，可以设置移动感应器的“Sensitivity”（精度）和“Range”（探测范围）两个参数，如图2－1－11所示。

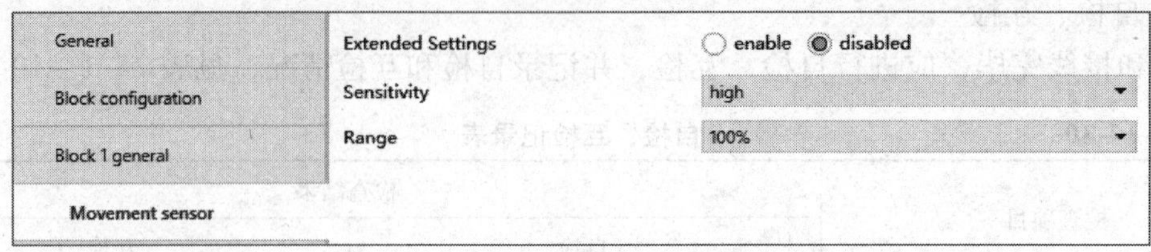

图 2－1－11　移动感应器参数设置 2

在“Brightness”（亮度）标签界面，将“Movement detection is”（移动探测）参数设置为“brightness-dependent”（与亮度关联）选项，将移动感应器与亮度进行关联，即可设定移动探测在低于某一亮度值时才起作用，便于节能管理，如图 2－1－12 所示；“Independent of brightness”选项表示关闭该功能。

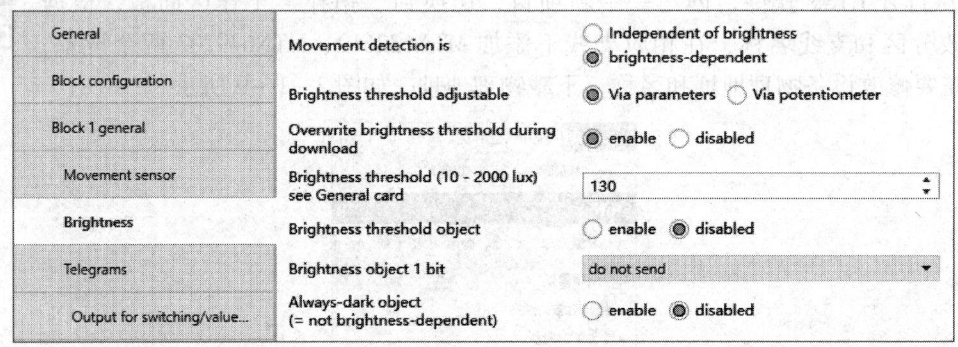

图 2－1－12　移动感应器参数设置 3

在“Output for switching/value object 1”（开关/值对象 1 的输出）标签界面，可以设置发送信号的数据长度和不同阶段发送的百分比值。移动感应器探测到移动时，可以使被控对象开启或关闭，也可以给被控对象发送一个具体数值，例如，当探测到移动时使灯光点亮到 90% 亮度，需要将“object”（对象）参数设置为“1 byte 0% - 100%”，“At start of movement”（移动开始）参数使用默认值“Sends defined value”（发送设定值），第一个“Value (0% - 100%)”参数设置为“90%”，如图 2－1－13 所示。

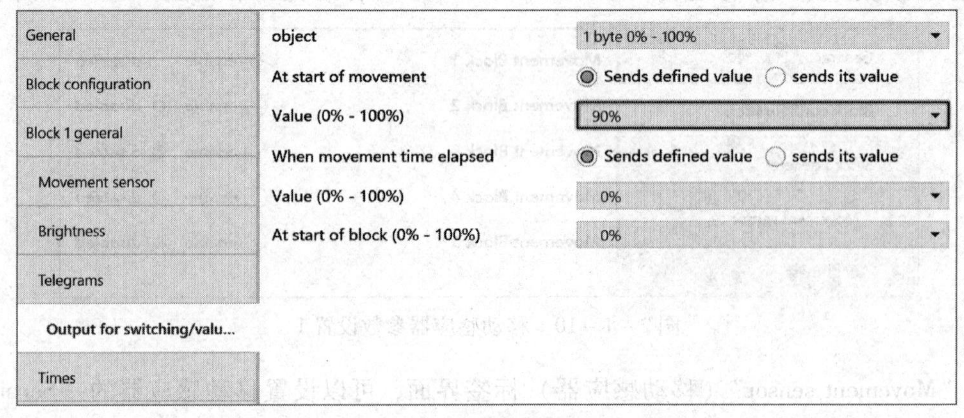

图 2－1－13　移动感应器参数设置 4

在“Times”（时间）标签界面，可以设置延时时间，即当移动感应器探测到移动时，发送开灯信号，在设定时间内无动作时发送关灯信号。例如，将“Time base for staircase timer”（阶梯定时器时间基准）参数设置为“1 s”，将“Time factor for staircase timer(1-255)”（阶梯定时器时间系数）参数设置为“10”，则延时时间为 10 s，即灯亮 10 s 内未探测到移动就会熄灯，如果 10 s 内再次探测到移动就会重新倒计时 10 s。默认的延时时间为 25 min，如图 2－1－14 所示。

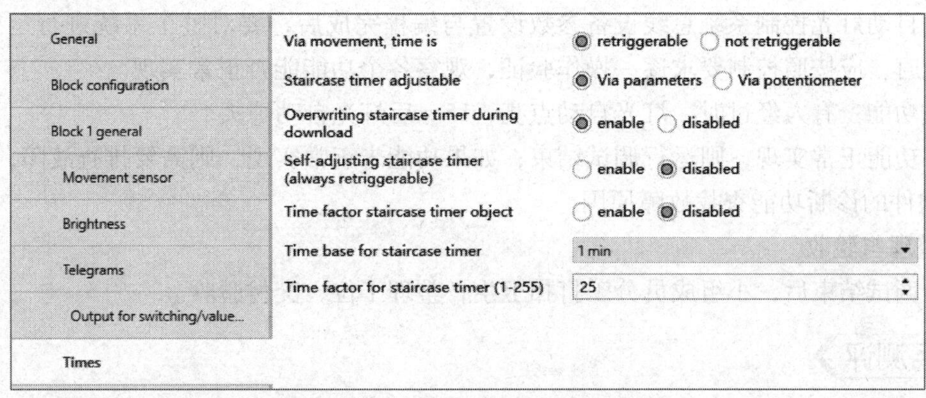

图 2－1－14　移动感应器参数设置 5

本任务只需要在移动感应器的“Times”（时间）标签界面，按控制要求设置“Time base for staircase timer”（阶梯定时器时间基准）和“Time factor for staircase timer(1-255)”（阶梯定时器时间系数）两个参数即可，如图 2－1－15 所示。为了便于调试，可以关闭移动感应器与亮度关联功能，其他参数使用默认设置即可。

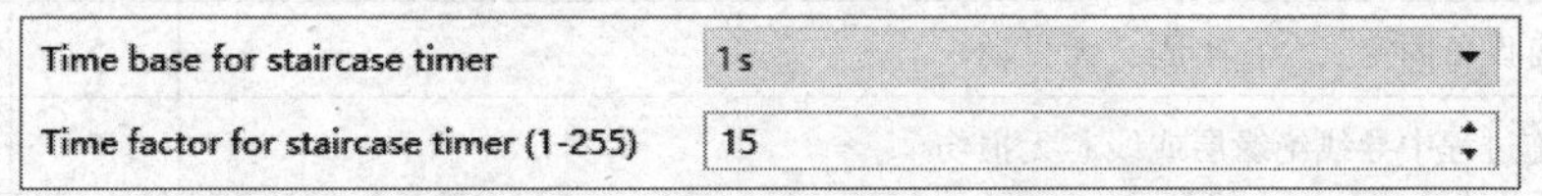

图 2－1－15　移动感应器参数设置 6

（3）对开关控制模块进行参数设置

开关控制模块的参数使用默认设置即可。

（4）为设备分配组地址

切换到开关控制模块的“组对象”标签界面，为开关控制模块的组对象“Switch object”分配组地址“2/1/1”，同时将组地址“2/1/1”绑定给移动感应器的组对象“Switch object 1”，如图 2－1－16 所示。

序号	名称	对象功能	描述	群组地址	长度	C	R	W	T	U	数据类型	优先级
1.1.1 移动感应器												
0	Switch object 1	Block 1	新建群组地址	2/1/1	1 bit	C	-	W	T	-		低
109	Status feedback object	Safety pause			1 bit	C	-	W	-	-		低
1.1.2开关控制模块												
0	Switch object	Channel 1	新建群组地址	2/1/1	1 bit	C	-	W	-	-		低
4	Switch object	Channel 2			1 bit	C	-	W	-	-		低

图 2－1－16　组地址分配

（5）将应用程序下载到设备中

1）如未下载物理地址，则按下对应设备上的编程按钮，选择“完整下载”命令将物理地址和应用程序下载到设备中。

2）如已下载物理地址，则选择“下载应用”命令将应用程序下载到设备中。应用程序下载后，调试过程中如需更改参数或组对象链接，则选择“部分下载”命令即可。

3. 运行调试

走廊自动灯光控制系统总线设备参数设置与编程完成后，要对整个系统进行运行调试。运行调试时，应按照控制要求逐一操作验证，观察各个功能能否正常实现。

测试功能：有人经过时，灯光自动点亮，15 s 后灯光自动熄灭。

如果功能正常实现，则运行调试结束；如果功能未正常实现，则需要排查故障，可以借助 ETS 软件的诊断功能查找故障原因。

4. 整理与验收

运行调试结束后，小组成员分工打扫卫生，整理工位，交付验收。

任务测评

考核及成绩评定见表 2－1－11。

表 2－1－11　　考核及成绩评定表

评价内容		配分	Y/N	得分
设备安装	按图实施，完成所有设备的安装与线路连接	5		
	安装方法、步骤正确，布线横平竖直、整洁有序	5		
	所有设备固定安全、牢固、无晃动	5		
	实施过程中导线绝缘层或线芯无损伤	5		
	接线紧固、美观，接点牢固，接头漏铜长度适中，无反圈、压绝缘层问题	5		
	线号标记清楚，无遗漏或误标问题	5		
	中性线和地线颜色选用正确	3		
功能调试	无短路或接地错误	10		
	通电调试时遵守安全操作规程	10		
	探测到移动时灯光自动点亮	10		
	灯亮 15 s 后未探测到移动时灯光自动熄灭	15		
	灯亮 15 s 后探测到移动时重新倒计时	15		
安全文明生产	实施过程中无违规操作	4		
	实施过程中始终保持场地整洁，实施结束后将场地整理干净，符合“6S”管理制度	3		
合计		100		

任务2 通用调光控制系统的安装与调试

学习目标

1. 能根据工作任务联系单和现场勘察，明确工时、工作内容等要求。

2. 能根据任务要求，列出所需器材和资料清单并做好准备，合理制订工作计划。

3. 能认识并使用KNX电源模块、智能面板、通用调光模块、USB接口等完成通用调光控制系统的设备安装和线路连接。

4. 能使用ETS软件编程并调试通用调光控制系统，实现通用调光控制功能。

任务描述

学院智能照明实习教室需要安装一套KNX智能照明控制系统，能根据用户要求使用智能面板的按键控制灯光的亮度。电工班接到任务后，通过现场勘察、查阅资料明确安装通用调光控制系统所需的设备和软件，制订工作计划，列出器材和资料清单，按照安全操作规程要求，在规定时间内完成通用调光控制系统的安装与调试，填写工作任务联系单交付班组长验收。本任务控制要求如下：使用一个智能面板的2个按键控制白炽灯，短按按键1交替控制白炽灯开、关，长按按键1连续调节白炽灯亮度；按下按键2控制白炽灯以60%的亮度点亮。

相关知识

通用调光控制系统需要用到的总线设备除了KNX电源模块、USB接口、智能面板之外，还有输出设备——通用调光模块。

单路500 W通用调光模块MTN649350如图2-2-1所示，借助绕线式或电子式变压器对白炽灯、卤钨灯进行开关控制和调光控制；其内置总线耦合器，具有短路、过热保护元件及对灯具起保护作用的软启动功能。通用调光模块能自动识别连接的负载，能连接阻性负载与感性负载的组合或阻性负载与容性负载的组合，但是不能连接感性负载与容性负载的组合。

单路500 W通用调光模块MTN649350可以设置多种调光曲线和调光速度，具有记忆功能、接通/关闭延时功能、楼梯灯定时功能、场景功能、中央功能、逻辑连接或强制执行功能、联锁功能、状态反馈功能。

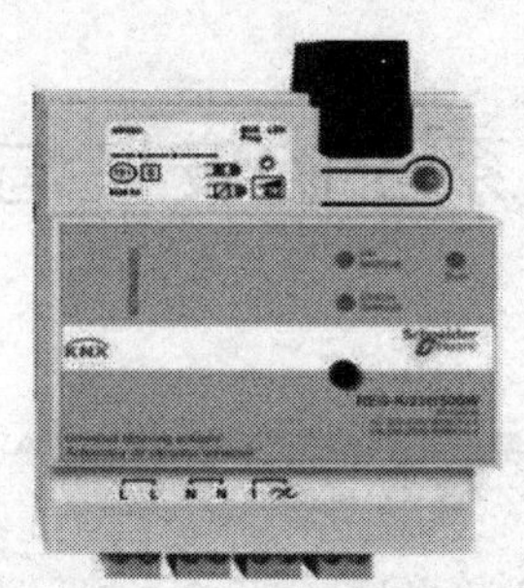

图 2－2－1　单路 500 W 通用调光模块 MTN649350

单路 500 W 通用调光模块 MTN649350 安装在 EN 50022 标准的 DIN 导轨上，通过 KNX 总线连接端子与 KNX 总线相连接，无须数据导轨数据条。相关参数如下：

额定功率：500 W。

负载（阻性）最小功率：20 W。

负载（阻性－感性－容性）最小功率：50 W。

设备宽度：4 模数，约 72 mm。

任务实施

一、明确任务

工作任务联系单见表 2－2－1。

表 2－2－1　　工作任务联系单

<table>
<tr><td rowspan="3">申报项目</td><td>申报地点</td><td></td><td>申报人</td><td></td><td>联系电话</td><td></td></tr>
<tr><td>申报事项</td><td colspan="5">给实习教室安装通用调光控制系统，使用一个智能面板的 2 个按键控制白炽灯，短按按键 1 交替控制白炽灯开、关，长按按键 1 连续调节白炽灯亮度；按下按键 2 控制白炽灯以 60% 的亮度点亮</td></tr>
<tr><td>申报时间</td><td></td><td>要求完成时间</td><td></td><td>派单人</td><td></td></tr>
<tr><td rowspan="4">安装调试项目</td><td>接单人</td><td></td><td>开始时间</td><td></td><td>完成时间</td><td></td></tr>
<tr><td colspan="2">所需器材</td><td colspan="4">KNX 电源模块、智能面板、通用调光模块、USB 接口、白炽灯、导轨、配电箱、KNX 总线、导线等</td></tr>
<tr><td colspan="2">安装位置</td><td colspan="4"></td></tr>
<tr><td colspan="2">实施建议</td><td colspan="4">清理现场，规划安装区域，做好实施准备</td></tr>
<tr><td rowspan="2">验收项目</td><td colspan="6">实施人员工作态度是否端正：　是□　否□
本次是否解决问题：　是□　否□
是否按时完成：　是□　否□
完成质量：　优□　良□　中□　差□
客户评价：　非常满意□　基本满意□　不满意□
客户意见或建议：</td></tr>
<tr><td colspan="2">客户签名</td><td></td><td colspan="2">实施人员签名</td><td></td></tr>
</table>

二、制订工作计划

1. 小组成员及分工（见表2－2－2）

表2－2－2　　小组成员及分工

序号	姓名	分工
		小组负责人
		安全员
		施工员

2. 器材和资料清单（见表2－2－3）

表2－2－3　　器材和资料清单

工具	电工通用工具（1套）、专用工具（如手电钻、压线钳、各种扳手等）			
仪表	ZC25－3型兆欧表（500V）、MG3－1型钳形电流表、MF47型万用表等			
资料	工作任务联系单、设备产品说明书、ETS软件使用手册、施工图纸、电工安全操作规程、电工手册、电气装置安装工程施工及验收规范等			
材料	导轨、KNX总线、导线、线槽、线管、绝缘材料等			
器件	序号	名称	型号	数量
	1	断路器	EA9AN2C10	1
	2	KNX电源模块	MTN684064	1
	3	USB接口	MTN681829	1
	4	通用调光模块	MTN649350	1
	5	智能面板	MTN628419	1
	6	白炽灯灯座	—	1
	7	白炽灯灯泡	—	1
	8	配电箱	—	1

3. 工序及工期安排（见表2－2－4）

表2－2－4　　工序及工期安排

序号	工作内容	完成时间	备注

4. 安全防护措施

（1）团队协作，设立专职安全员，一人安装，另一人监护。

（2）遵循健康和安全标准，使用合适的个人防护用品，包括安全鞋靴、耳朵和眼睛护具等。

（3）合理规划工作区域，最大限度地提高效率并保持工作区域的环境卫生。

（4）安全使用工具和仪器仪表并保持清洁，妥善保存。

（5）上电前应确保人身、设备安全，通电测试必须按功能要求完成每一个功能的检测，以确保设备运行正常，达到功能控制要求。

三、现场实施

1. 设备安装与线路连接

（1）设备安装与接线

通用调光控制系统的配电箱内设备安装与接线示意图如图 2－2－2 所示，KNX 总线的单股硬线芯直接插接在红黑端子上即可，由于本任务负载较小，负载电源线使用 1 mm^2 BV 导线敷设。

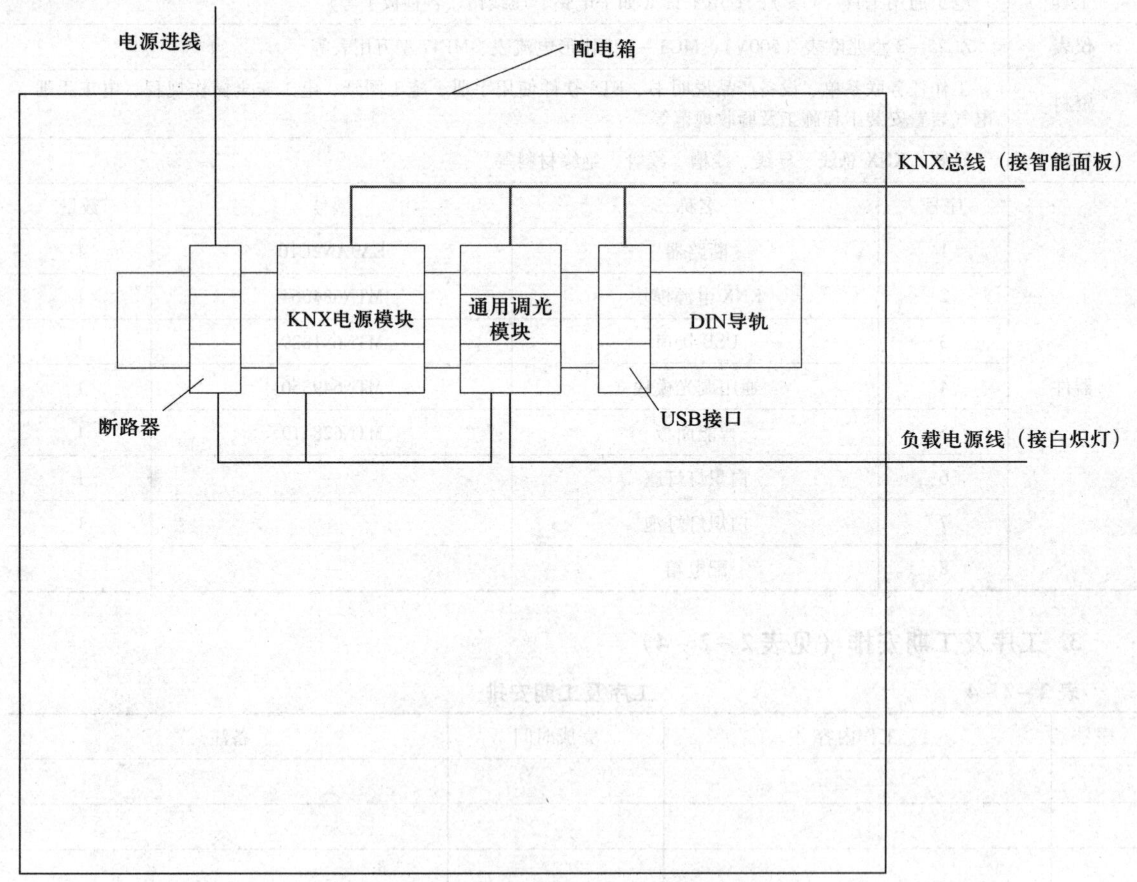

图 2－2－2　配电箱内设备安装与接线示意图

通用调光控制系统的整体接线示意图如图 2－2－3 所示。

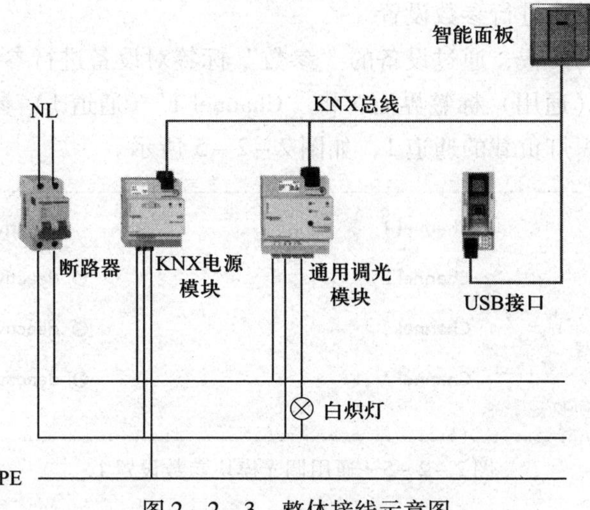

图 2-2-3　整体接线示意图

（2）自检、互检

安装和接线完毕，应进行自检、互检，并记录自检和互检情况，见表 2-2-5。

表 2-2-5　　自检、互检记录表

检查项目	检查结果	
	自检	互检
设备安装是否合理		
线路连接是否正确		
安装工艺是否合格		

2. 参数设置与编程

（1）打开 ETS5 软件，创建一个新项目，切换到“拓扑”工作区面板，根据需要修改分区和支线名称，在相应支线下添加 MTN649350、MTN628419 两个设备，并根据需要修改设备物理地址和名称，下载物理地址，如图 2-2-4 所示。

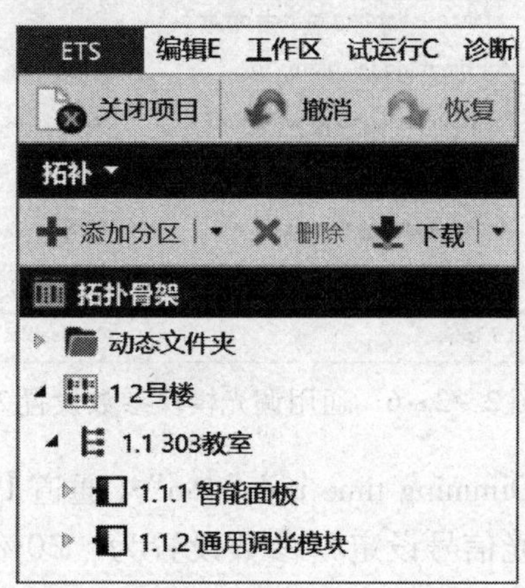

图 2-2-4　创建项目，添加设备

（2）对通用调光模块进行参数设置

在“拓扑”工作区面板，通过设备的“参数”标签对设备进行参数设置。

1）在“General”（通用）标签界面，将“Channel 1”（通道 1）参数设置为“activated”（激活），打开连接白炽灯负载的通道 1，如图 2-2-5 所示。

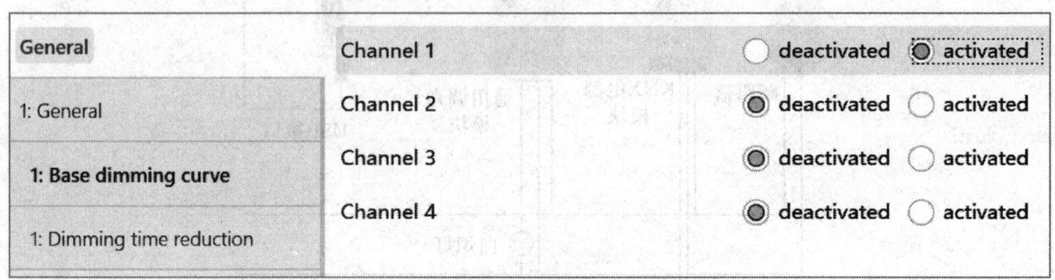

图 2-2-5　通用调光模块参数设置 1

2）通道 1 参数设置

“1: General”（通道 1：通用）标签设置通道 1 的通用参数。

“1: Base dimming curve”（通道 1：基准调光曲线）标签设置通道 1 的基准调光曲线参数，不同的灯具根据其自身特点可以设置不同的调光曲线，默认参数不能修改，必须调整时，需要将“1: General”（通道 1：通用）标签界面的“Base dimming curve”（基准调光曲线）参数设置为“can be altered”（可修改）。

“1: Dimming time reduction”（通道 1：调光时间压缩）标签设置通道 1 的调光时间参数，如图 2-2-6 所示，框中的部分是调光速度参数，百分比值较小时，调光速度较快，但是不便于观察和控制亮度变化；百分比值较大时，调光速度较慢。

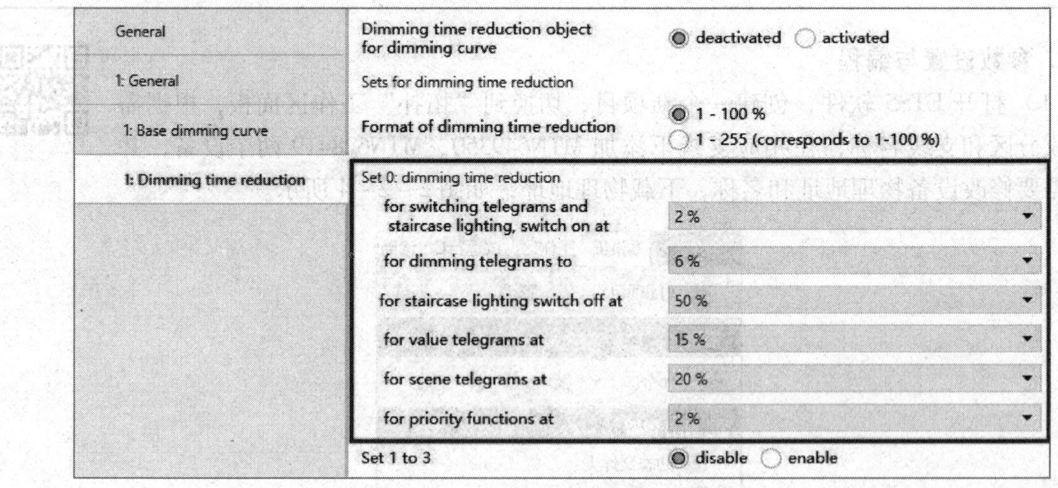

图 2-2-6　通用调光模块参数设置 2

本任务中，只需要将“1: Dimming time reduction”（通道 1：调光时间压缩）标签界面的“for dimming telegrams to”（调光信号设定）参数设置为“30%”，以便于观察亮度变化，如图 2-2-7 所示，其他参数不需要修改，使用默认设置即可。

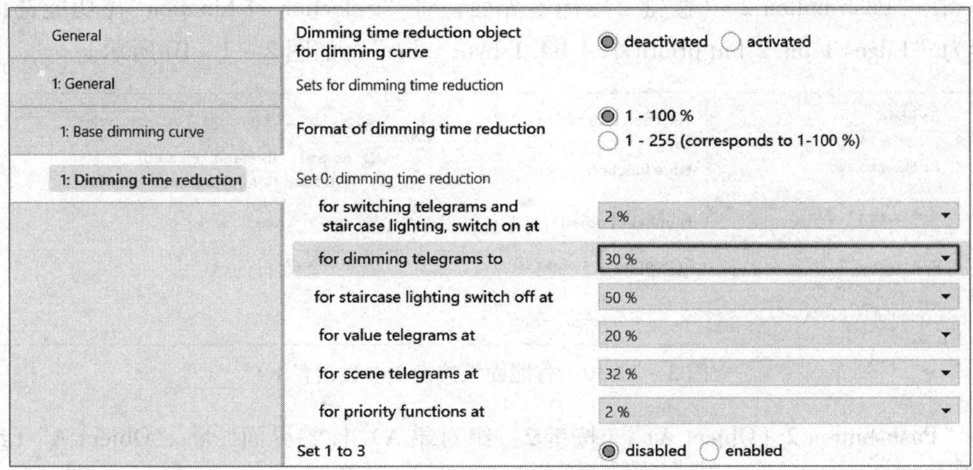

图2－2－7　通用调光模块参数设置3

（3）对智能面板进行参数设置

在“General”（通用）标签界面，根据实际使用的智能面板类型，将“Push-button module”（按键组件）参数设置为“4-gang IR”（带红外功能的八键智能面板），如图2－2－8所示。

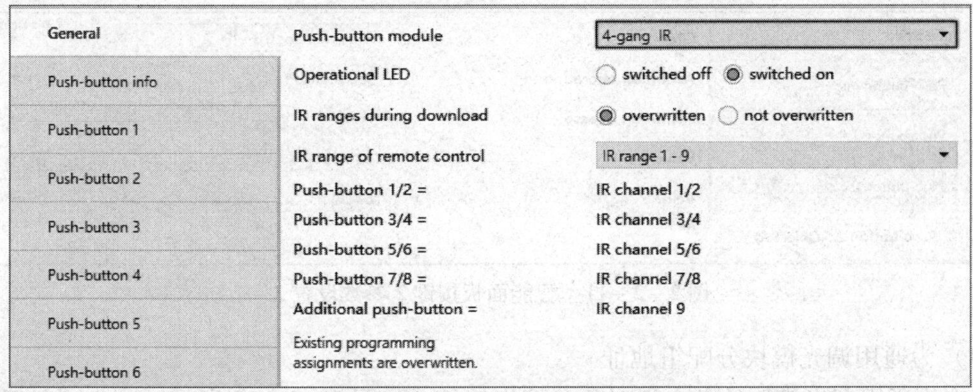

图2－2－8　智能面板参数设置

1）在“Push-button 1”（按键1）标签界面，将“Selection of function”（功能选择）参数设置为“Dimming”（调光），如图2－2－9所示。

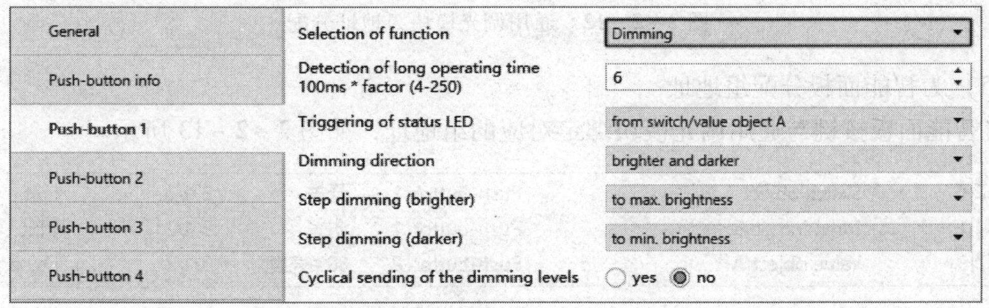

图2－2－9　智能面板按键1参数设置

2）在“Push-button 2”（按键 2）标签界面，将“Selection of function”（功能选择）参数设置为“Edges 1 bit, 2 bit(priority), 4 bit, 1-byte value”，如图 2－2－10 所示。

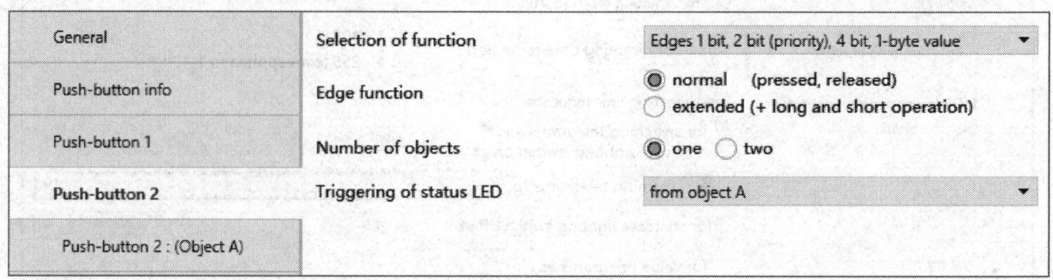

图 2－2－10　智能面板按键 2 参数设置 1

在“Push-button 2:(Object A)”（按键 2：组对象 A）标签界面，将“Object A”（组对象 A）参数设置为“1 byte in steps 0% - 100%”（百分比），将“Action on operation”（闭合时的动作）参数设置为“sends value 1”（发送值 1），将“Action on release”（松开时的动作）参数设置为“none”（不动作），将“Value 1”（值 1）参数设置为“60%”，将“Value 2”（值 2）参数设置为“0%”，如图 2－2－11 所示，这样就可以将按键 2 的功能设置为按下按键 2 时，向绑定该按键的设备发送数据信号“60%”，松开按键 2 则不动作。

General	Object A	1 byte in steps 0% - 100%
Push-button info	Action on operation	sends value 1
Push-button 1	Action on release	none
	Value 1	60%
Push-button 2	Value 2	0%
Push-button 2 : (Object A)		

图 2－2－11　智能面板按键 2 参数设置 2

（4）为通用调光模块分配组地址

依次为通用调光模块的各个组对象分配组地址，如图 2－2－12 所示。

0	Switch object	Channel 1, general 开关	3/1/1	1 bit
1	Dimming object	Channel 1, general 调光	3/1/2	4 bit
2	Value object	Channel 1, general 60%亮度	3/1/3	1 byte

图 2－2－12　通用调光模块组地址分配

（5）为智能面板分配组地址

将智能面板按键与通用调光模块绑定对应的组地址，如图 2－2－13 所示。

0	Switch object	Push-button 1	开关	3/1/1	1 bit
1	Dimming object	Push-button 1	调光	3/1/2	4 bit
3	Value object A	Push-button 2	60%亮度	3/1/3	1 byte

图 2－2－13　智能面板组地址分配

（6）将应用程序下载到设备中

1）如未下载物理地址，则按下对应设备上的编程按钮，选择“完整下载”命令将物理地址和应用程序下载到设备中。

2）如已下载物理地址，则选择“下载应用”命令将应用程序下载到设备中。应用程序下载后，调试过程中如需更改参数或组对象链接，则选择“部分下载”命令即可。

3. 运行调试

通用调光控制系统总线设备参数设置与编程完成后，要对整个系统进行运行调试。运行调试时，应按照控制要求逐一操作验证，观察各个功能能否正常实现。

测试按键 1 功能：短按时交替控制白炽灯开、关，长按时连续调节白炽灯亮度。

测试按键 2 功能：按下时控制白炽灯以 60% 的亮度点亮。

如果功能正常实现，则运行调试结束；如果功能未正常实现，则需要排查故障，可以借助 ETS 软件的诊断功能查找故障原因。

4. 整理与验收

运行调试结束后，小组成员分工打扫卫生，整理工位，交付验收。

任务测评

考核及成绩评定见表 2－2－6。

表 2－2－6　　考核及成绩评定表

评价内容		配分	Y/N	得分
设备安装	按图实施，完成所有设备的安装与线路连接	5		
	安装方法、步骤正确，布线横平竖直、整洁有序	5		
	所有设备固定安全、牢固、无晃动	5		
	实施过程中导线绝缘层或线芯无损伤	5		
	接线紧固、美观，接点牢固，接头漏铜长度适中，无反圈、压绝缘层问题	5		
	线号标记清楚，无遗漏或误标问题	5		
	中性线和地线颜色选用正确	3		
功能调试	无短路或接地错误	10		
	通电调试时遵守安全操作规程	10		
	按键 1 功能运行正确	20		
	按键 2 功能运行正确	20		
安全文明生产	实施过程中无违规操作	4		
	实施过程中始终保持场地整洁，实施结束后将场地整理干净，符合“6S”管理制度	3		
合计		100		

任务3 教室智能照明控制系统的安装与调试

学习目标

1. 能根据工作任务联系单和现场勘察，明确工时、工作内容等要求。

2. 能根据任务要求，列出所需器材和资料清单并做好准备，合理制订工作计划。

3. 能认识并使用 KNX 电源模块、智能面板、日光灯调光模块、开关控制模块、USB 接口等完成教室智能照明控制系统的设备安装和线路连接。

4. 能使用 ETS 软件编程并调试教室智能照明控制系统，实现智能照明控制功能。

任务描述

通常教室大多采用 LED 日光灯作为光源，在传统的照明控制线路中，多采用单联或多联开关控制多组 LED 日光灯的方式，需要在教室的前、中、后不同位置墙面上安装多个多联开关，开灯、关灯很不方便，灯光的亮度是不可调的，在一些特殊环境下使用不便，例如，上课期间如果需要使用投影的话，就需要把投影附近的灯光调暗，这在传统的照明控制中不容易实现，而使用智能照明控制系统就能很容易解决。

学院智能照明实习教室需要安装一套 KNX 智能照明控制系统，能根据用户要求使用智能面板的按键控制灯光的亮度。电工班接到任务后，通过现场勘察、查阅资料明确安装教室智能照明控制系统所需的设备和软件，制订工作计划，列出器材和资料清单，按照安全操作规程要求，在规定时间内完成教室智能照明控制系统的安装与调试，填写工作任务联系单交付班组长验收。本任务控制要求如下：教室普通照明灯光由智能面板的按键 1 控制，短按按键 1，所有灯光以 1 s 的间隔依次点亮，再次短按按键 1，所有灯光同时熄灭，该功能由开关控制模块实现；教室投影屏幕上方的照明灯光由智能面板的按键 2 控制，短按按键 2 可以交替控制灯光的开、关，长按按键 2 可以调节灯光的亮度，该功能由日光灯调光模块实现。

相关知识

教室智能照明控制系统需要用到的总线设备除了 KNX 电源模块、USB 接口、智能面板、开关控制模块之外，还有输出设备——日光灯调光模块。

单路日光灯调光模块（0 ~ 10 V）MTN647091 如图 2 - 3 - 1 所示，其开关触点作为 LED 调光驱动器或变压器，0 ~ 10 V 接口用于调节 LED 调光驱动器或变压器负载的亮度，通常用于控制 LED 日光灯调光，内置总线耦合器，230 V 开关输出可以通过手动开关操作，载入应用程序后绿色 LED 指示灯点亮，显示设备处于操作就绪状态。

图 2－3－1　单路日光灯调光模块（0～10 V）MTN647091

单路日光灯调光模块（0～10 V）MTN647091 可以设置多种调光曲线和调光速度，具有记忆功能、开启/关闭延迟功能、手动关闭功能、楼梯灯定时功能、场景功能、中央功能、逻辑操作或优先级控制功能、封闭功能、状态反馈功能、总线电压恢复后状态设置功能。

单路日光灯调光模块（0～10 V）MTN647091 安装在 EN 50022 标准的 DIN 导轨上，通过 KNX 总线连接端子与 KNX 总线相连接，无须数据导轨数据条。相关参数如下：

额定功率：3 600 W。

容性负载最大功率：3 600 W。

卤钨灯负载最大功率：2 500 W。

LED 日光灯负载最大功率：2 500 W。

无补偿时最大功率：2 500 W。

设备宽度：2.5 模数，约 45 mm。

任务实施

一、明确任务

工作任务联系单见表 2－3－1。

表 2－3－1　　工作任务联系单

申报项目	申报地点		申报人		联系电话	
	申报事项	给实习教室安装教室智能照明控制系统，教室普通照明灯光由智能面板的按键 1 控制，短按按键 1，所有灯光以 1 s 的间隔依次点亮，再次短按按键 1，所有灯光同时熄灭，该功能由开关控制模块实现；教室投影屏幕上方的照明灯光由智能面板的按键 2 控制，短按按键 2 可以交替控制灯光的开、关，长按按键 2 可以调节灯光的亮度，该功能由日光灯调光模块实现				
	申报时间		要求完成时间		派单人	
接单人			开始时间		完成时间	
安装调试项目	所需器材		KNX 电源模块、USB 接口、日光灯调光模块、开关控制模块、智能面板、LED 日光灯、LED 调光驱动器、导轨、配电箱、KNX 总线、导线等			
	安装位置					
	实施建议		清理现场，规划安装区域，做好实施准备			
验收项目	实施人员工作态度是否端正：　是□　否□ 本次是否解决问题：　是□　否□ 是否按时完成：　是□　否□ 完成质量：　优□　良□　中□　差□ 客户评价：　非常满意□　基本满意□　不满意□ 客户意见或建议：					
	客户签名		实施人员签名			

二、制订工作计划

1. 小组成员及分工（见表2－3－2）

表2－3－2　　小组成员及分工

序号	姓名	分工
		小组负责人
		安全员
		施工员

2. 器材和资料清单（见表2－3－3）

表2－3－3　　器材和资料清单

<table>
<tr><td>工具</td><td colspan="4">电工通用工具（1套）、专用工具（如手电钻、压线钳、各种扳手等）</td></tr>
<tr><td>仪表</td><td colspan="4">ZC25－3型兆欧表（500V）、MG3－1型钳形电流表、MF47型万用表等</td></tr>
<tr><td>资料</td><td colspan="4">工作任务联系单、设备产品说明书、ETS软件使用手册、施工图纸、电工安全操作规程、电工手册、电气装置安装工程施工及验收规范等</td></tr>
<tr><td>材料</td><td colspan="4">导轨、KNX总线、导线、线槽、线管、绝缘材料等</td></tr>
<tr><td rowspan="12">器件</td><td>序号</td><td>名称</td><td>型号</td><td>数量</td></tr>
<tr><td>1</td><td>断路器</td><td>EA9AN2C10</td><td>1</td></tr>
<tr><td>2</td><td>KNX电源模块</td><td>MTN684064</td><td>1</td></tr>
<tr><td>3</td><td>USB接口</td><td>MTN681829</td><td>1</td></tr>
<tr><td>4</td><td>开关控制模块</td><td>MTN649202</td><td>1</td></tr>
<tr><td>5</td><td>智能面板</td><td>MTN628419</td><td>1</td></tr>
<tr><td>6</td><td>日光灯调光模块</td><td>MTN647091</td><td>1</td></tr>
<tr><td>7</td><td>LED日光灯灯管</td><td>—</td><td>3</td></tr>
<tr><td>8</td><td>LED日光灯灯座（带驱动器）</td><td>—</td><td>2</td></tr>
<tr><td>9</td><td>LED日光灯灯座（不带驱动器）</td><td>—</td><td>1</td></tr>
<tr><td>10</td><td>LED调光驱动器</td><td>—</td><td>1</td></tr>
<tr><td>11</td><td>配电箱</td><td>—</td><td>1</td></tr>
</table>

3. 工序及工期安排（见表2－3－4）

表2－3－4　　工序及工期安排

序号	工作内容	完成时间	备注

续表

序号	工作内容	完成时间	备注

4. 安全防护措施

（1）团队协作，设立专职安全员，一人安装，另一人监护。

（2）遵循健康和安全标准，使用合适的个人防护用品，包括安全鞋靴、耳朵和眼睛护具等。

（3）合理规划工作区域，最大限度地提高效率并保持工作区域的环境卫生。

（4）安全使用工具和仪器仪表并保持清洁，妥善保存。

（5）上电前应确保人身、设备安全，通电测试必须按功能要求完成每一个功能的检测，以确保设备运行正常，达到功能控制要求。

三、现场实施

1. 设备安装与线路连接

（1）设备安装与接线

教室智能照明控制系统的配电箱内设备安装与接线示意图如图 2－3－2 所示，KNX 总线的单股硬线芯直接插接在红黑端子上即可，由于本任务负载较小，负载电源线使用 1 mm^2 BV 导线敷设。

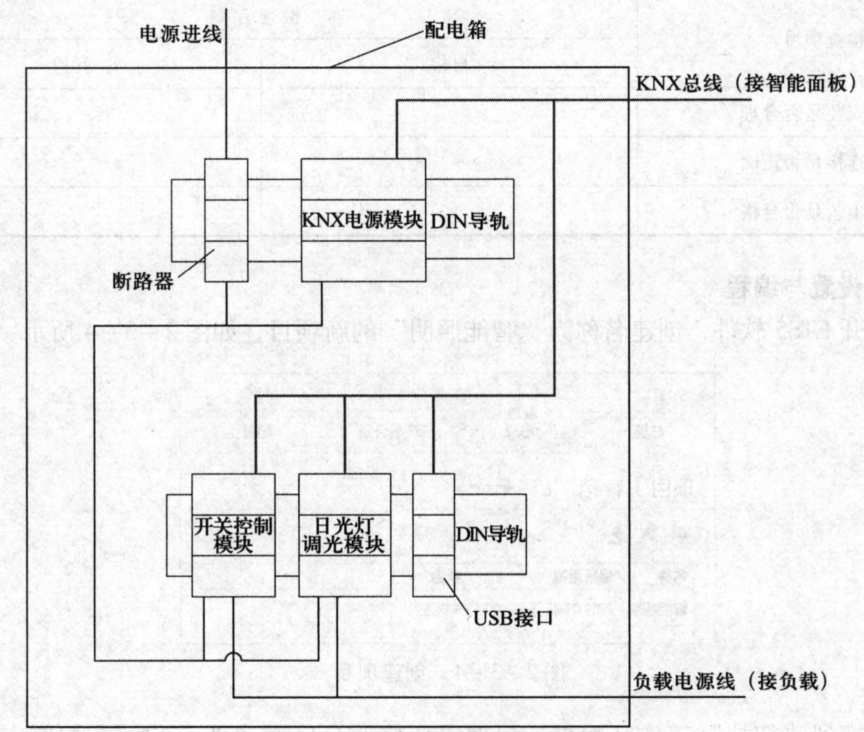

图 2－3－2　配电箱内设备安装与接线示意图

教室智能照明控制系统的整体接线示意图如图 2－3－3 所示。

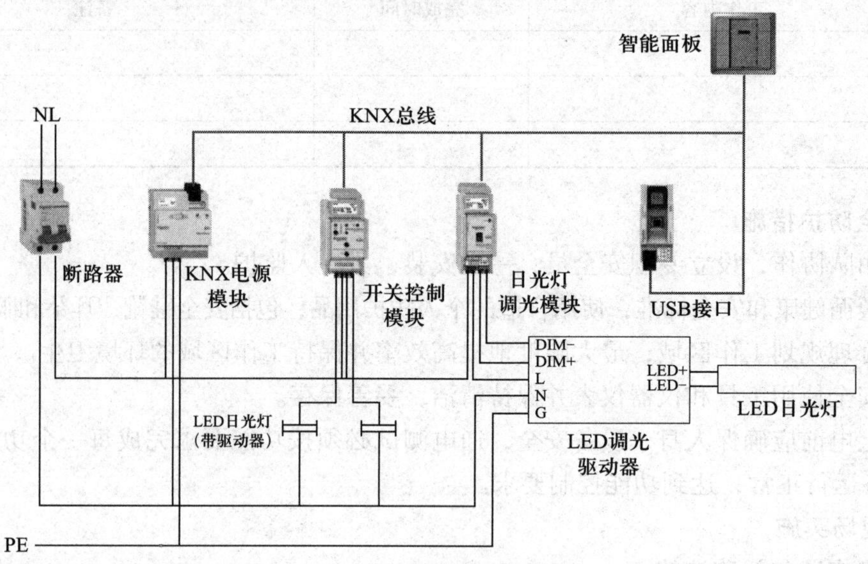

图 2－3－3　整体接线示意图

（2）自检、互检

安装和接线完毕，应进行自检、互检，并记录自检和互检情况，见表 2－3－5。

表 2－3－5　　自检、互检记录表

检查项目	检查结果	
	自检	互检
设备安装是否合理		
线路连接是否正确		
安装工艺是否合格		

2. 参数设置与编程

（1）打开 ETS5 软件，创建名称为“智能照明”的新项目，如图 2－3－4 所示。

图 2－3－4　创建项目

（2）切换到“拓扑”工作区面板，根据需要修改分区和支线名称，在相应支线下添加

MTN628419、MTN649202、MTN647091 三个设备，并根据需要修改设备物理地址和名称，下载物理地址，如图 2-3-5 所示。开关控制模块和日光灯调光模块应根据教室实际安装的灯具数量来选择通道数量。

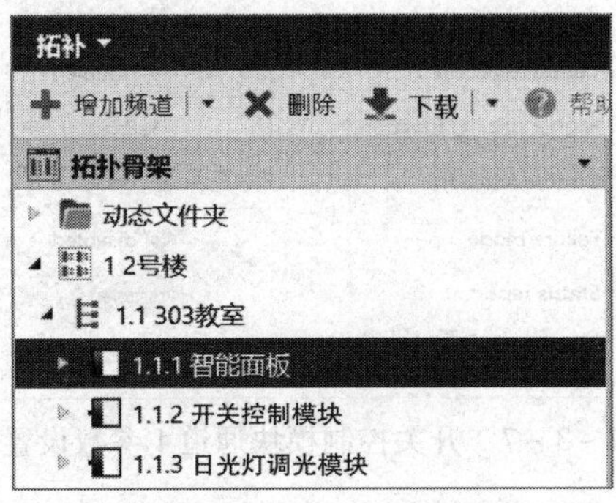

图 2-3-5　添加设备

(3) 对开关控制模块进行参数设置

在“拓扑”工作区面板，通过设备的“参数”标签对设备进行参数设置。

在“Channel config.”(通道配置) 标签界面，根据实际需要打开相应的通道，如图 2-3-6 所示。

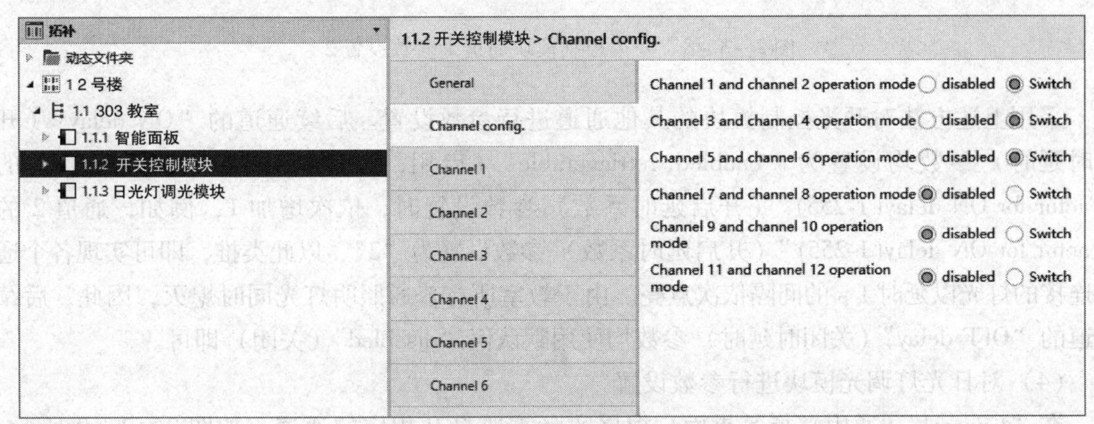

图 2-3-6　开关控制模块参数设置

在“Channel 1”(通道 1) 标签界面，将“Delay times”(延时时间) 参数设置为“enabled”(启用)，在“Channel 1”(通道 1) 标签的下面出现“Channel 1: Delays”(通道 1：延时) 标签，如图 2-3-7 所示。

单击切换到“Channel 1: Delays”(通道 1：延时) 标签界面，本任务要求教室所有普通照明灯光延时 1 s 依次点亮，同时关闭，因此，将“ON delay”(开启时延时) 参数设置为“enabled, retriggerable”(启用，可重新触发)，其下面出现“Time base for ON delay”(开启延时时间基准)、“Factor for ON delay(1-255)”(开启延时系数) 两个参数，分别设置为“1s”“1”，即通道 1 连接的灯光在接收到开启信号后延时 1 s 点亮，“OFF delay”(关闭时延时) 参数使用默认值“disabled”(关闭) 即可，如图 2-3-8 所示。

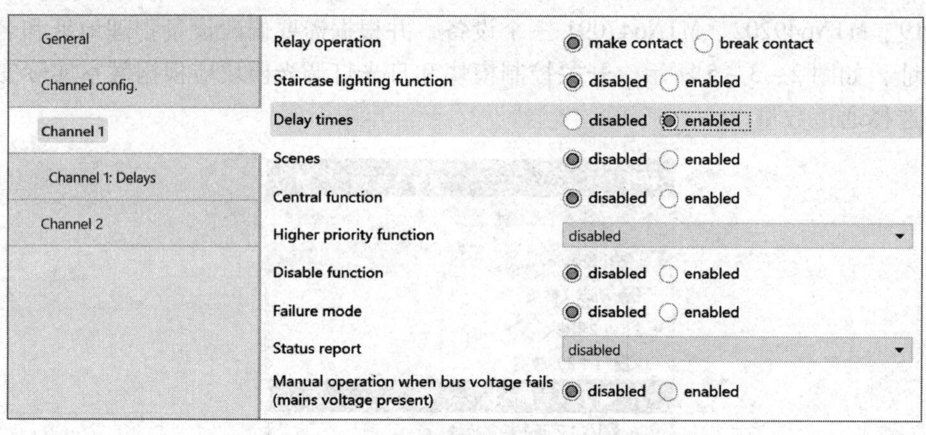

图 2－3－7　开关控制模块通道 1 参数设置 1

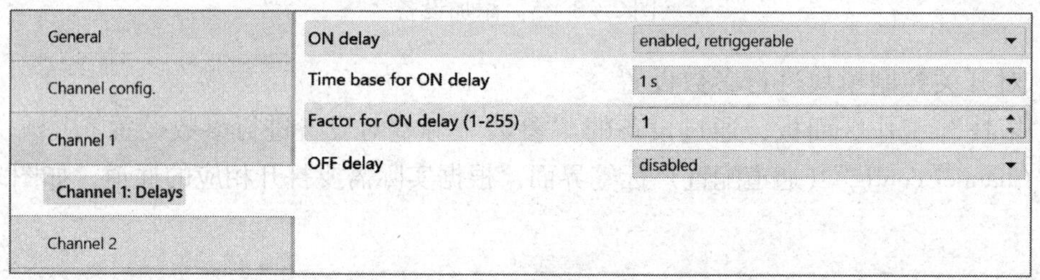

图 2－3－8　开关控制模块通道 1 参数设置 2

采用上述方法对开光控制模块的其他通道进行参数设置。后续通道的“ON delay”（开启时延时）参数均设置为“enabled, retriggerable”（启用，可重新触发），在后续通道的“Factor for ON delay(1-255)”（开启延时系数）参数设置时，依次增加 1，例如，通道 2 的“Factor for ON delay(1-255)”（开启延时系数）参数设置为“2”，以此类推，即可实现各个通道连接的灯光以延时 1 s 的间隔依次点亮。由于教室所有普通照明灯光同时熄灭，因此，后续通道的“OFF delay”（关闭时延时）参数均使用默认值“disabled”（关闭）即可。

（4）对日光灯调光模块进行参数设置

在“General”（通用）标签界面，根据实际需要打开相应的通道，如图 2－3－9 所示，默认打开“Channel 1”（通道 1）。

图 2－3－9　日光灯调光模块参数设置

在“1: General”（通道1：通用）标签界面，可以设置的参数比较多，各个参数的含义如图2-3-10所示。本任务使用默认设置即可。

图2-3-10　日光灯调光模块通道1参数设置1

在“1: Dimming time reduction”（通道1：调光时间压缩）标签界面，可将“for dimming telegrams to”参数设置为30%～60%，以便于观察调光过程，如图2-3-11所示。若百分比值太小，则观察不到调光过程；若百分比值太大，则调光速度太慢，等待时间较长。

General
1: General
1: Base dimming curve
1: Dimming time reduction
Dimming time reduction object for dimming curve　deactivated　activated
Sets for dimming time reduction
Format of dimming time reduction　1 - 100 %　1 - 255 (corresponds to 1-100 %)
Set 0: dimming time reduction
for switching telegrams and staircase lighting, switch on at　2 %
for dimming telegrams to　60 %
for staircase lighting switch off at　50 %
for value telegrams at　15 %
for scene telegrams at　20 %
for priority functions at　2 %
Set 1 to 3　disable　enable

图2-3-11　日光灯调光模块通道1参数设置2

（5）对智能面板进行参数设置

在“General”（通用）标签界面，根据实际使用的智能面板类型，将“Push-button module”（按键组件）参数设置为“4-gang IR”（带红外功能的八键智能面板），如图 2-3-12 所示。

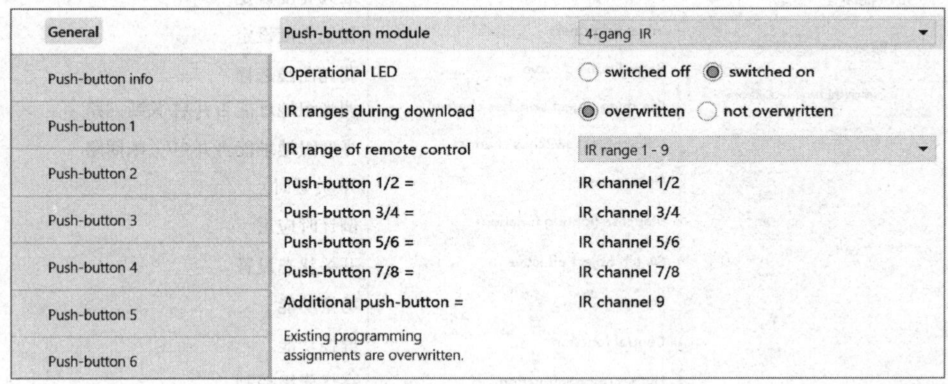

图 2-3-12　智能面板参数设置

1）在“Push-button 1”（按键 1）标签界面，将“Selection of function”（功能选择）参数设置为“Toggle”（切换），如图 2-3-13 所示。

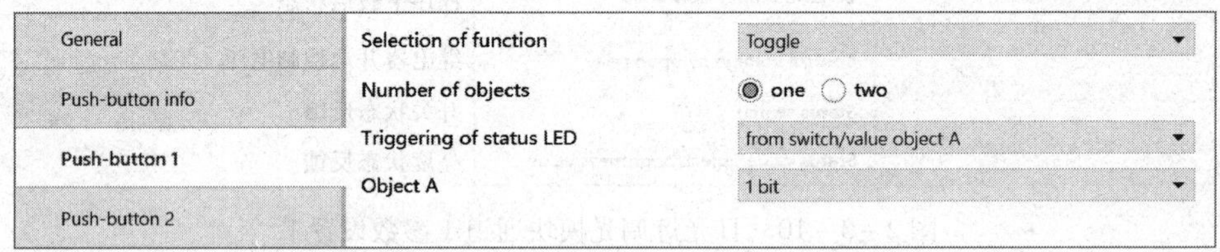

图 2-3-13　智能面板按键 1 参数设置

2）在“Push-button 2”（按键 2）标签界面，将“Selection of function”（功能选择）参数设置为“Dimming”（调光），将“Dimming direction”（调光方向）参数设置为“brighter and darker”（更亮和更暗），如图 2-3-14 所示。

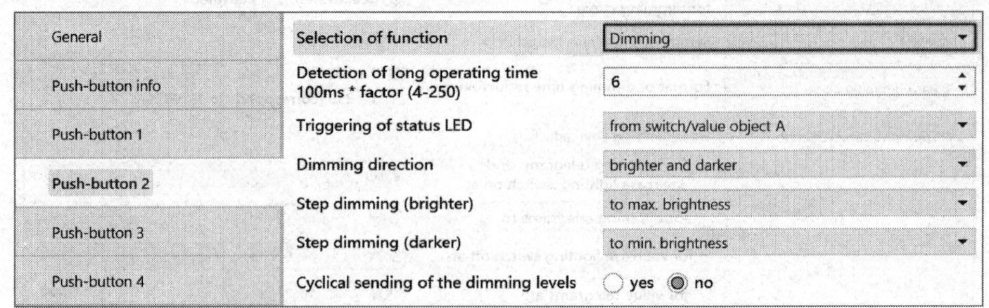

图 2-3-14　智能面板按键 2 参数设置

（6）为智能面板分配组地址

依次为智能面板的组对象分配组地址，如图 2-3-15 所示。

序号	名称	对象功能	描述	群组地址	长度	C	R	W	T	U	数据类型	优先级
1.1.1 智能面板												
0	Switch object A	Push-button 1	开关	2/1/1	1 bit	C	-	W	T	-		低
3	Switch object	Push-button 2	调光开关	3/1/1	1 bit	C	-	W	T	-		低
4	Dimming object	Push-button 2	调光	3/1/2	4 bit	C	-	W	T	-		低
6	Switch object A	Push-button 3			1 bit	C	-	W	T	-		低
9	Switch object A	Push-button 4			1 bit	C	-	W	T	-		低
12	Switch object A	Push-button 5			1 bit	C	-	W	T	-		低
15	Switch object A	Push-button 6			1 bit	C	-	W	T	-		低
18	Switch object A	Push-button 7			1 bit	C	-	W	T	-		低
21	Switch object A	Push-button 8			1 bit	C	-	W	T	-		低
24	Switch object A	Auxiliary push-button			1 bit	C	-	W	T	-		低

图 2-3-15　智能面板组地址分配

(7) 为开关控制模块分配组地址

依次为开关控制模块的组对象分配组地址，如图 2-3-16 所示。

1.1.2 开关控制模块											
0	Switch object	Channel 1	开关	2/1/1	1 bit	C	-	W	-	-	低
4	Switch object	Channel 2	开关	2/1/1	1 bit	C	-	W	-	-	低

图 2-3-16　开关控制模块组地址分配

(8) 为日光灯调光模块分配组地址

依次为日光灯调光模块的组对象分配组地址，如图 2-3-17 所示。

1.1.3 日光灯调光模块											
0	Switch object	Channel 1, general	调光开关	3/1/1	1 bit	C	-	W	-	-	低
1	Dimming object	Channel 1, general	调光	3/1/2	4 bit	C	-	W	-	-	低
2	Value object	Channel 1, general			1 byte	C	-	W	-	-	低

图 2-3-17　日光灯调光模块组地址分配

(9) 将应用程序下载到设备中

1) 如未下载物理地址，则按下对应设备上的编程按钮，选择“完整下载”命令将物理地址和应用程序下载到设备中。

2) 如已下载物理地址，则选择“下载应用”命令将应用程序下载到设备中。应用程序下载后，调试过程中如需更改参数或组对象链接，则选择“部分下载”命令即可。

3. 运行调试

教室智能照明控制系统总线设备参数设置与编程完成后，要对整个系统进行运行调试。运行调试时，应按照控制要求逐一操作验证，观察各个功能能否正常实现。

测试按键 1 功能：短按时教室所有普通照明灯光以 1 s 的间隔依次点亮，再次短按时所有灯光同时熄灭。

测试按键 2 功能：短按时可以交替控制教室投影屏幕上方的照明灯光的开、关，长按时可以调节灯光的亮度。

如果功能正常实现，则运行调试结束；如果功能未正常实现，则需要排查故障，可以借助 ETS 软件的诊断功能查找故障原因。

4. 整理与验收

运行调试结束后，小组成员分工打扫卫生，整理工位，交付验收。

任务测评

考核及成绩评定见表 2-3-6。

表 2-3-6　　考核及成绩评定表

评价内容		配分	Y/N	得分
设备安装	按图实施，完成所有设备的安装与线路连接	5		
	安装方法、步骤正确，布线横平竖直、整洁有序	5		
	所有设备固定安全、牢固、无晃动	5		
	实施过程中导线绝缘层或线芯无损伤	5		
	接线紧固、美观，接点牢固，接头漏铜长度适中，无反圈、压绝缘层问题	5		
	线号标记清楚，无遗漏或误标问题	5		
	中性线和地线颜色选用正确	3		
功能调试	无短路或接地错误	10		
	通电调试时遵守安全操作规程	10		
	按键 1 功能运行正确	20		
	按键 2 功能运行正确	20		
安全文明生产	实施过程中无违规操作	4		
	实施过程中始终保持场地整洁，实施结束后将场地整理干净，符合“6S”管理制度	3		
合计		100		

课题三 会议室场景控制系统的安装与调试

任务1 会议室场景的勘察和规划

学习目标

1. 熟悉会议室的布置类型和 KNX 系统场景控制的概念。

2. 能根据工作任务联系单，明确工时、工作内容等要求，合理制订工作计划。

3. 能通过与客户沟通和现场勘察，明确会议室场景控制系统的设计需求，制订规划并选择所需的设备（产品）型号和数量，制订初步的成本预算。

任务描述

会议室环境系统由灯光（如白炽灯、LED 日光灯）、窗帘等设备构成，实现对整个会议室环境、气氛的改变，以自动适应当前需要，例如，播放视频时，灯光自动变暗，窗帘自动关闭，而且要求操作简单、人性化、智能化。会议室环境系统的场景控制可以满足这样的要求。

学院新设一间多功能会议室，需要安装一套 KNX 智能场景控制系统。电工班接到任务后，在规定时间内完成会议室场景控制系统的现场勘察和方案设计，填写工作任务联系单交付班组长验收。本任务要求如下：对会议室进行现场勘察并制订规划，形成设计方案。

相关知识

一、会议室的布置类型

会议室一般用于召开会议、举行学术报告、开展培训、组织活动和接待客人等。多功能会议室以其功能的多样性得到迅速普及。随着信息技术的不断发展，现代化的多功能会议室除了满足传统会议要求外，还应具有根据不同的情况快速切换场景的功能，以便提高效率。

会议室的布置类型可以是标准化的，也可以是个性化的。标准化类型通常包括剧院式、课堂式、宴会式、鸡尾酒式、U 形和董事会形等。

1. 剧院式

剧院式会议室与电影院基本相同，正前方是主席台，面向主席台的是观众席，观众席座位前一般不摆放桌子。剧院式布置方式适用于例会和大型代表会等不需要书写和记录的会议。

2. 课堂式

课堂式与剧院式相似，不同的是课堂式会议室的座位前方会摆放桌子以方便参会人员书写。有些剧院式会议室采用座椅边隐蔽式或折叠式写字台为参会人员提供方便，这种布置方式也归于课堂式。课堂式布置方式适用于专业学术机构举办的、具有培训性质的会议。

3. 宴会式

宴会式会议室由圆桌组成，每个圆桌可坐 5 ~ 12 人。宴会式布置方式一般适用于中餐宴会和培训性会议。在培训性会议中，每个圆桌一般安排 6 人左右就座，以便于同桌人员进行互动和交流。

4. 鸡尾酒式

鸡尾酒式会议室一般不安排或仅安排少量座位，参会人员拿取食物后可自由走动交流。鸡尾酒式布置方式比较灵活，没有固定的模式，所能容纳的人数仅次于剧院式。

5. U 形

U 形是指将桌子摆放成一面开口的 U 形，椅子放置在桌子的外围，如需投影可以放在 U 形的开口处。相比于相同面积的其他类型布置方式，这种布置方式所能容纳的人数最少。U 形布置方式一般适用于小型、讨论型会议。

6. 董事会形

董事会形又称为中空形，将桌子摆放成一个封闭的“口”字形，椅子放置在桌子的外围。董事会形布置方式一般也只适用于小型会议。

除了上述常见的会议室布置类型之外，还有 T 形、E 形、多 U 形等。无论采用何种布置方式，会议室布置的目的都是为会议服务，或方便进出，或增强沟通，或传递信息。

二、KNX 系统场景控制

场景控制是 KNX 系统的特色功能，通过场景控制可以实现多个设备的一键快捷操作，降低用户的操作强度。会议室场景控制就是通过智能面板按键实现对会议室内的多种设备如窗帘、灯光、空调、影音系统等进行快捷控制。KNX 智能场景控制通过 KNX 总线实现设备联动，例如，按下一个按键就可以实现相应的灯光开、关或达到预设亮度值，同时窗帘开启或关闭等一系列设备构造出的预设场景效果。

任务实施

一、明确任务

工作任务联系单见表 3 - 1 - 1。

表 3－1－1　　工作任务联系单

申报项目	申报地点		申报人		联系电话	
	申报事项	对会议室进行现场勘察并制订规划，形成会议室场景控制系统设计方案				
	申报时间		要求完成时间		派单人	
接单人			开始时间		完成时间	
安装调试项目	所需器材和资料	计算机、卷尺、水平仪、记号笔、记录本、绘图工具、建筑施工图纸、KNX 产品手册、KNX 设计手册等				
	安装位置					
	实施建议	清理现场，规划安装区域，做好实施准备				
验收项目	实施人员工作态度是否端正：是□　否□ 本次是否解决问题：是□　否□ 是否按时完成：是□　否□ 完成质量：优□　良□　中□　差□ 客户评价：非常满意□　基本满意□　不满意□ 客户意见或建议：					
	客户签名			实施人员签名		

二、制订工作计划

1. 小组成员及分工（见表 3－1－2）

表 3－1－2　　小组成员及分工

序号	姓名	分工
		小组负责人
		勘察员
		设计员
		造价员

2. 器材和资料清单（见表 3－1－3）

表 3－1－3　　器材和资料清单

器材	计算机、卷尺、水平仪、记号笔、记录本、绘图工具
资料	工作任务联系单、设备产品说明书、ETS 软件使用手册、建筑施工图纸、KNX 产品手册、KNX 设计手册

3. 工序及工期安排（见表3－1－4）

表3－1－4　　工序及工期安排

序号	工作内容	完成时间	备注
1	沟通与勘察		
2	设备（产品）选型		
3	成本预算		

三、现场实施

1. 沟通与勘察

（1）需求确定

与用户在现场进行讨论确定KNX系统的设计需求。讨论过程中，要详细介绍KNX系统的功能及利弊关系，可能的话还要通过实例进行说明。用户沟通情况记录见表3－1－5。

表3－1－5　　用户沟通情况记录表

序号	沟通事宜	沟通结果	备注
1	会议室布置方式		
2	会议室环境控制要求		
3	设备（产品）选择要求		
4	其他		

（2）现场勘察

明确了用户的需求，就能确定 KNX 系统需要控制什么。而在哪里控制和如何实现这些控制，以及有些部分虽然暂时不需要配置 KNX 线路，但应预留出线路便于后续扩展，这些信息需要通过现场勘察获得。勘察时需要使用卷尺、水平仪、绘图工具、建筑施工图纸等器材和资料。需要勘察的内容包括窗帘的数量、尺寸、安装位置，照明灯具的数量、安装位置，智能面板的安装位置，配电箱的安装位置，线路敷设方案等。必要时应在现场做好标记。

根据现场勘察获取的信息，结合建筑物的结构，设计 KNX 系统的结构，并用图形表示出来，图 3－1－1 所示是会议室布局的测绘图示例。

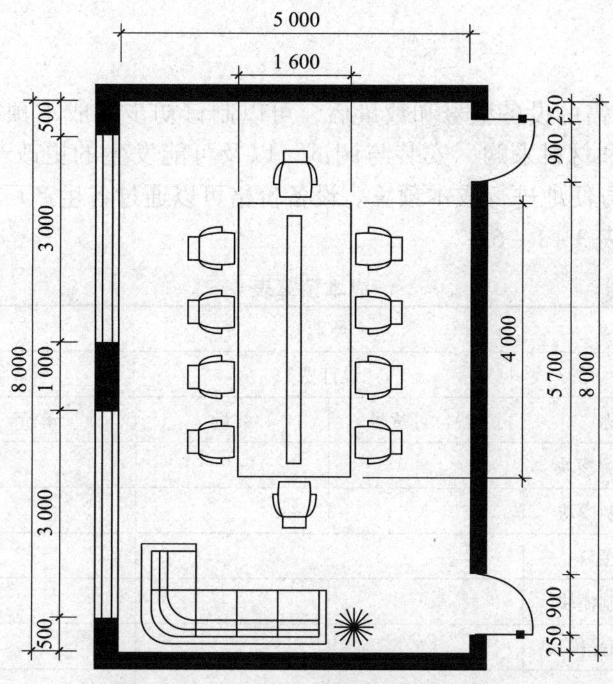

图 3－1－1　会议室布局的测绘图示例

根据会议室布局和用户控制要求，可以规划出 KNX 系统场景控制需要的窗帘控制系统和照明控制系统。制订规划时，特别要注意以下几个方面的工作：

1）选择 KNX 系统设备类型、功能和要求。

2）选择合适的系统保护措施。

3）确定 KNX 系统对环境条件的要求。

2. 设备（产品）选型

KNX 系统的功能实现取决于各个总线设备的选择，因此，进行 KNX 系统方案设计时，首先应考虑设备的功能能否满足需求。选择合适型号的设备，既可以在实施安装时更加方便，加快进度，又可以提高经济性，减少开支。选择感应器、智能面板等需要外露的设备时一定要征求用户的意见。

(1) 感应器、智能面板选型

感应器、智能面板等设备选型时，除了应满足各种控制功能的实现需求之外，还要重点考虑用户希望安装的位置，用户喜欢的颜色、形状、款式等因素，同时要考虑外界环境对KNX系统的影响，包括温度、湿度和粉尘等。

(2) 执行器（输出设备）选型

执行器通常安装在配电箱里的，选型时应考虑以下因素：

1) 满足功能需要。

2) 安装位置便于操作。

3) 预留必要的扩展空间。

4) 经济性。

5) 施工便捷性。

3. 成本预算

确定KNX系统所需的设备型号和数量后，可以制订初步的成本预算。成本预算的项目包括规划设计、设备和材料采购、安装与调试，以及可能发生的更改与扩展等。利用KNX系统的工具软件可以方便地进行成本预算。设备价格可以通过各生产厂家网站或营销网点查询获得。成本预算见表3－1－6。

表3－1－6　成本预算表

项目	类别				总价
规划设计	设计费				
设备和材料采购	名称	型号/订货号	数量	单价	
	KNX电源模块				
	窗帘控制模块				
	USB接口				
	开关控制模块				
	日光灯调光模块				
	通用调光模块				
	智能面板				
	导线				
	配电箱				
	电力辅料				
安装与调试	人工费				
更改与扩展	预留或通信扩展				
合计					

任务测评

考核及成绩评定见表3－1－7。

表 3-1-7　考核及成绩评定表

评价内容		配分	Y/N	得分
沟通与勘察	与客户沟通有效到位，未漏掉关键信息	15		
	场地测绘误差符合要求	15		
设备（产品）选型	设备（产品）型号选择合适	15		
	设备（产品）数量选择正确	15		
成本预算	预算项目全面，无遗漏	15		
	预算误差在合理范围内	15		
安全文明生产	实施过程中无违规操作	5		
	实施过程中始终保持场地整洁，实施结束后将场地整理干净，符合“6S”管理制度	5		
合计		100		

任务 2　基于智能面板实现的会议室场景控制系统的安装与调试

学习目标

1. 能根据工作任务联系单和现场勘察，明确工时、工作内容等要求。
2. 能根据任务要求，列出所需器材和资料清单并做好准备，合理制订工作计划。
3. 能认识并使用 KNX 电源模块、USB 接口、智能面板、开关控制模块、调光控制模块、窗帘控制模块等完成基于智能面板实现的会议室场景控制系统的设备安装和线路连接。
4. 能使用 ETS 软件编程并调试基于智能面板实现的会议室场景控制系统。

任务描述

学院新设一间多功能会议室，需要安装一套 KNX 智能场景控制系统，能够根据不同场景对灯光、窗帘进行快速控制，以达到会议要求。电工班接到任务后，在规定时间内完成基于智能面板实现的会议室场景控制系统的安装与调试，并交付验收。本任务控制要求如下：为智能面板的 3 个按键分别设置三个不同的应用场景，其中，场景一为白天会议模式，灯光全部熄灭，窗帘打开；场景二为晚上会议模式，灯光全部点亮，窗帘关闭；场景三为投影模式，座位上方灯光亮度为 20%，投影屏幕上方灯光熄灭，窗帘关闭。

相关知识

基于智能面板实现的会议室场景控制系统需要用到的总线设备包括：

1. 系统设备：KNX 电源模块、USB 接口。
2. 输入设备：智能面板。
3. 输出设备：开关控制模块、窗帘控制模块、日光灯调光模块、通用调光模块。

任务实施

一、明确任务

工作任务联系单见表 3－2－1。

表 3－2－1 工作任务联系单

<table>
<tr><td rowspan="3">申报项目</td><td>申报地点</td><td></td><td>申报人</td><td></td><td>联系电话</td><td></td></tr>
<tr><td>申报事项</td><td colspan="5">给会议室安装会议室场景控制系统，为智能面板的 3 个按键分别设置三个不同的应用场景，其中，场景一为白天会议模式，灯光全部熄灭，窗帘打开；场景二为晚上会议模式，灯光全部点亮，窗帘关闭；场景三为投影模式，座位上方灯光亮度为 20%，投影屏幕上方灯光熄灭，窗帘关闭</td></tr>
<tr><td>申报时间</td><td></td><td>要求完成时间</td><td></td><td>派单人</td><td></td></tr>
<tr><td rowspan="4">安装调试项目</td><td colspan="2">接单人</td><td>开始时间</td><td></td><td>完成时间</td><td></td></tr>
<tr><td colspan="2">所需器材</td><td colspan="4">KNX 电源模块、USB 接口、开关控制模块、智能面板、窗帘控制模块、日光灯调光模块、通用调光模块、窗帘、灯具、LED 调光驱动器、导轨、配电箱、KNX 总线、导线等</td></tr>
<tr><td colspan="2">安装位置</td><td colspan="4"></td></tr>
<tr><td colspan="2">实施建议</td><td colspan="4">清理现场，规划安装区域，做好实施准备</td></tr>
<tr><td rowspan="2">验收项目</td><td colspan="6">实施人员工作态度是否端正： 是□ 否□
本次是否解决问题： 是□ 否□
是否按时完成： 是□ 否□
完成质量： 优□ 良□ 中□ 差□
客户评价： 非常满意□ 基本满意□ 不满意□
客户意见或建议：</td></tr>
<tr><td>客户签名</td><td></td><td colspan="2">实施人员签名</td><td colspan="2"></td></tr>
</table>

二、制订工作计划

1. 小组成员及分工（见表 3－2－2）

表 3－2－2 小组成员及分工

序号	姓名	分工
		小组负责人
		安全员
		施工员

2. 器材和资料清单（见表3－2－3）

表3－2－3　　器材和资料清单

工具	电工通用工具（1套）、专用工具（如手电钻、压线钳、各种扳手等）			
仪表	ZC25－3型兆欧表（500 V）、MG3－1型钳形电流表、MF47型万用表等			
资料	工作任务联系单、设备产品说明书、ETS软件使用手册、施工图纸、电工安全操作规程、电工手册、电气装置安装工程施工及验收规范等			
材料	导轨、KNX总线、导线、线槽、线管、绝缘材料等			
器件	序号	名称	型号	数量
	1	断路器	EA9AN2C10	1
	2	KNX电源模块	MTN684064	1
	3	USB接口	MTN681829	1
	4	开关控制模块	MTN649202	1
	5	智能面板	MTN628419	1
	6	窗帘控制模块	MTN649802	1
	7	日光灯调光模块	MTN647091	1
	8	通用调光模块	MTN649350	1
	9	白炽灯灯座	—	1
	10	白炽灯灯泡	—	1
	11	LED日光灯灯管	—	3
	12	LED日光灯灯座（带驱动器）	—	2
	13	LED日光灯灯座（不带驱动器）	—	1
	14	LED调光驱动器	—	1
	15	电动卷帘	—	1
	16	配电箱	—	1

3. 工序及工期安排（见表3－2－4）

表3－2－4　　工序及工期安排

序号	工作内容	完成时间	备注

4. 安全防护措施

(1) 团队协作，设立专职安全员，一人安装，另一人监护。

(2) 遵循健康和安全标准，使用合适的个人防护用品，包括安全鞋靴、耳朵和眼睛护具等。

(3) 合理规划工作区域，最大限度地提高效率并保持工作区域的环境卫生。

(4) 安全使用工具和仪器仪表并保持清洁，妥善保存。

(5) 上电前应确保人身、设备安全，通电测试必须按功能要求完成每一个功能的检测，以确保设备运行正常，达到功能控制要求。

三、现场实施

1. 设备安装与线路连接

(1) 设备安装与接线

基于智能面板实现的会议室场景控制系统的配电箱内设备安装与接线示意图如图 3-2-1 所示，KNX 总线的单股硬线芯直接插接在红黑端子上即可，由于本任务负载较小，负载电源线使用 1 mm^2 BV 导线敷设。

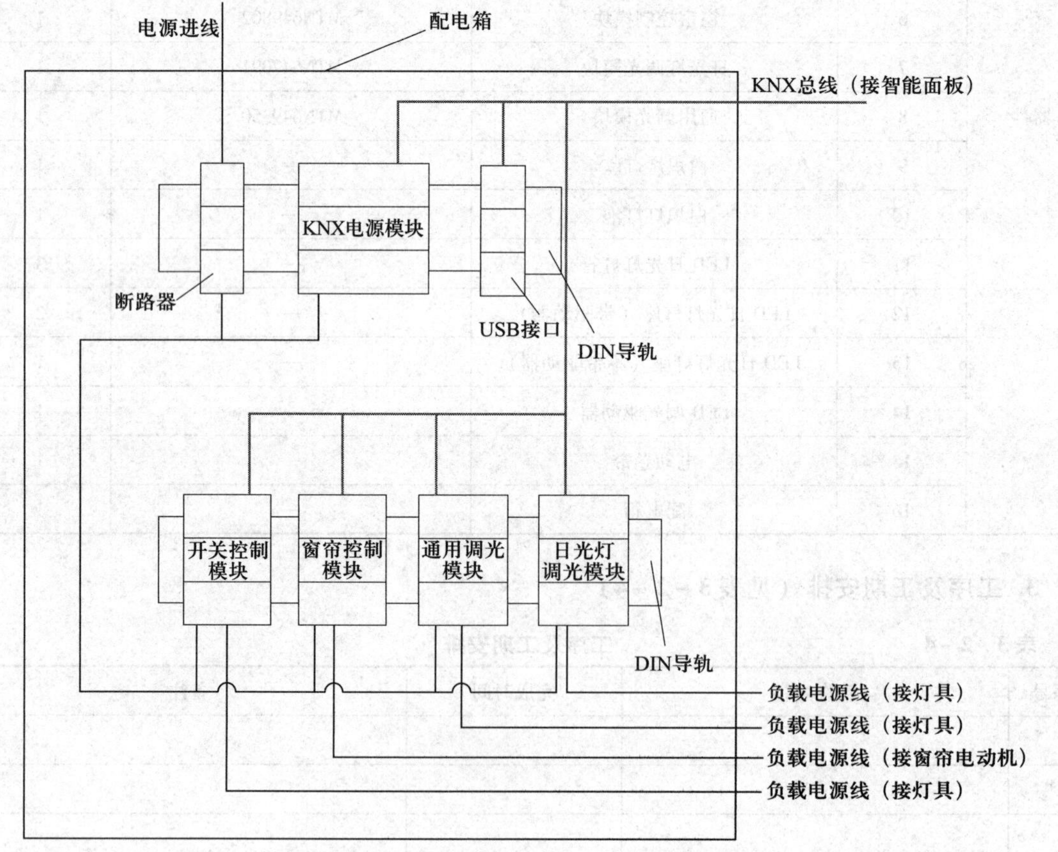

图 3-2-1 配电箱内设备安装与接线示意图

基于智能面板实现的会议室场景控制系统的整体接线示意图如图 3-2-2 所示。

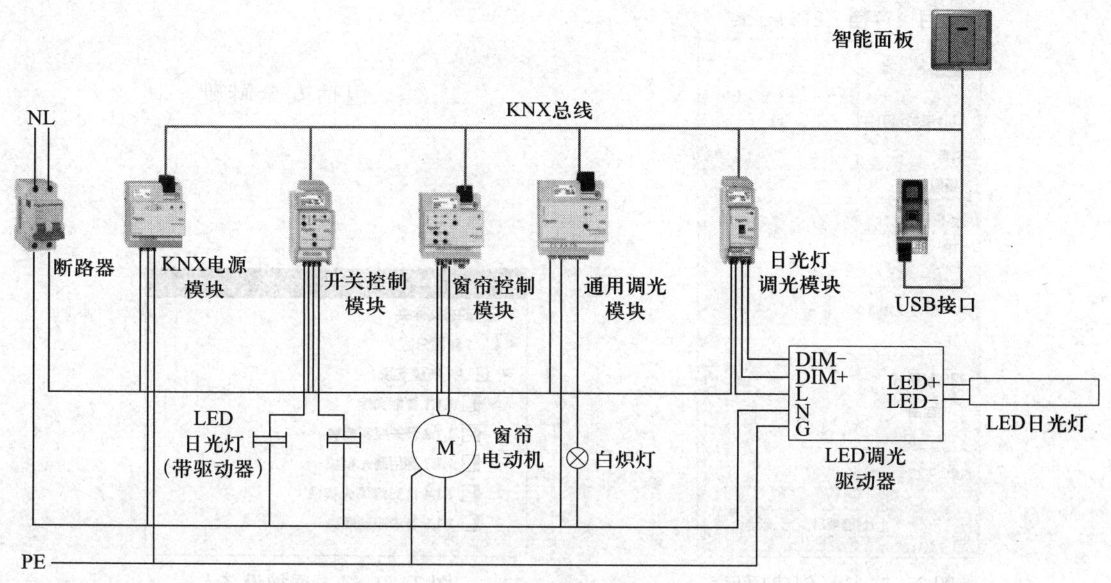

图 3－2－2　整体接线示意图

（2）自检、互检

安装和接线完毕，应进行自检、互检，并记录自检和互检情况，见表 3－2－5。

表 3－2－5　　自检、互检记录表

检查项目	检查结果	
	自检	互检
设备安装是否合理		
线路连接是否正确		
安装工艺是否合格		

2. 参数设置与编程

（1）创建项目

打开 ETS5 软件，创建名称为“场景”的新项目，如图 3－2－3 所示。

（2）添加设备，下载物理地址

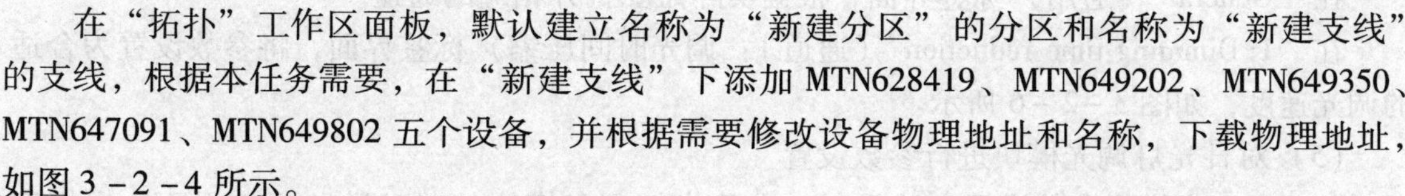

在“拓扑”工作区面板，默认建立名称为“新建分区”的分区和名称为“新建支线”的支线，根据本任务需要，在“新建支线”下添加 MTN628419、MTN649202、MTN649350、MTN647091、MTN649802 五个设备，并根据需要修改设备物理地址和名称，下载物理地址，如图 3－2－4 所示。

（3）对开关控制模块进行参数设置

在“拓扑”工作区面板，通过设备的“参数”标签对设备进行参数设置。

在“Channel config.”（通道配置）标签界面，根据实际需要打开相应的通道，如图 3－2－5 所示。

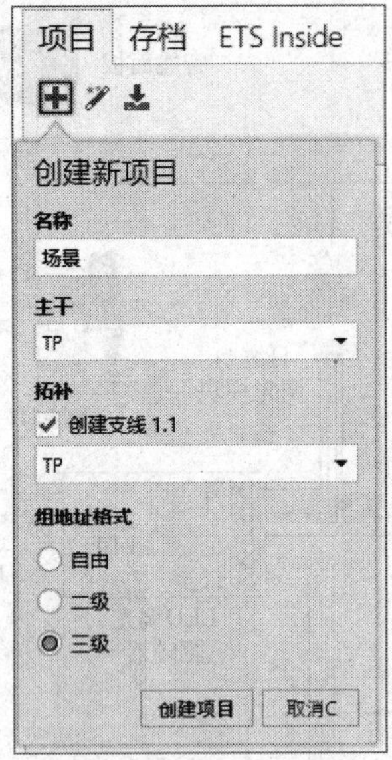

图 3－2－3　创建项目

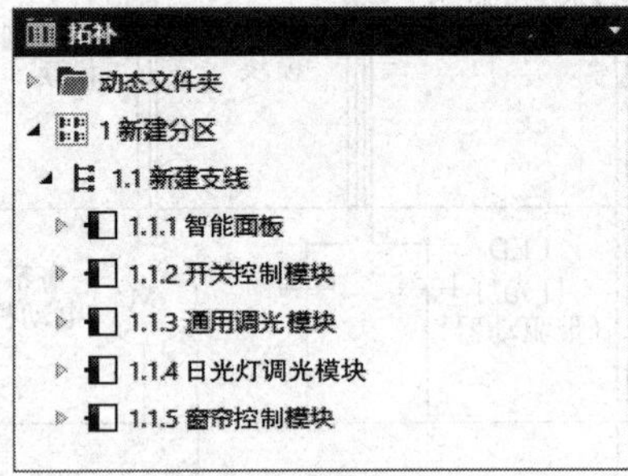

图 3－2－4　添加设备

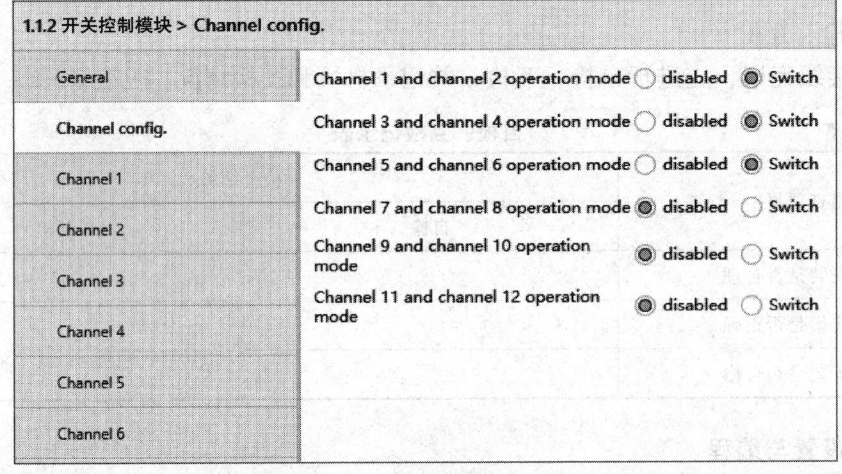

图 3－2－5　开关控制模块参数设置

（4）对通用调光模块进行参数设置

在“General”（通用）标签界面，根据实际需要打开相应的通道。

在“1: Dimming time reduction”（通道 1：调光时间压缩）标签界面，将参数设置为合适的调光速度，如图 3－2－6 所示。

（5）对日光灯调光模块进行参数设置

与通用调光模块参数设置方法类似，在日光灯调光模块的“参数”标签界面，根据实际需要打开相应的通道，设置合适的调光速度。

（6）对窗帘控制模块进行参数设置

在“Channel config.”（通道配置）标签界面，将“Channel 1 operation mode”（通道 1 操作模式）参数设置为“Roller shutter”（卷帘）；在“1: Drive”（通道 1：驱动）标签界面，

设置窗帘运动时间，如图 3－2－7 所示。

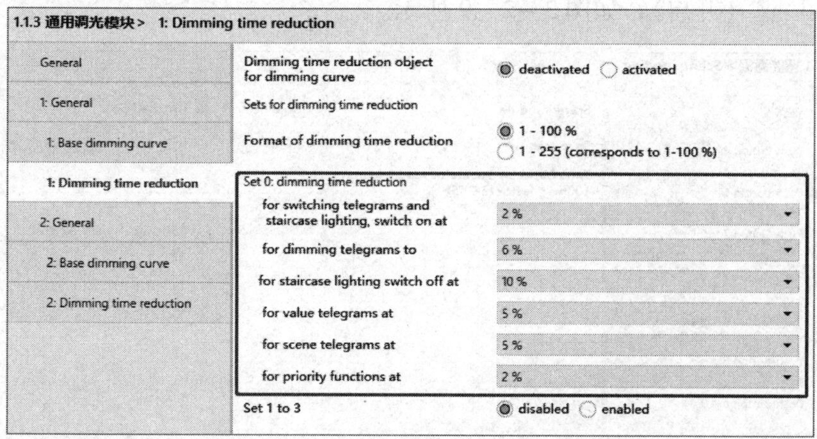

图 3－2－6　通用调光模块参数设置

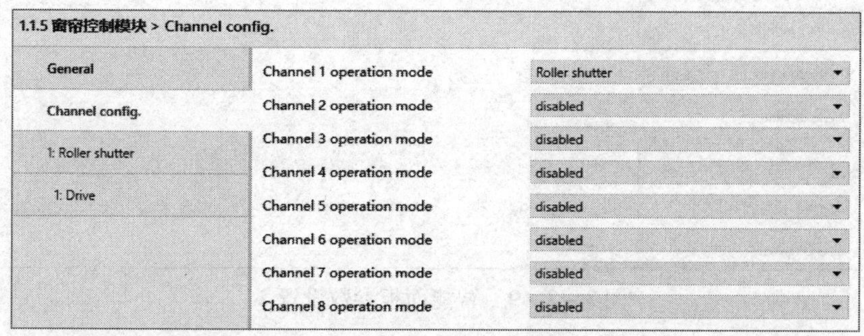

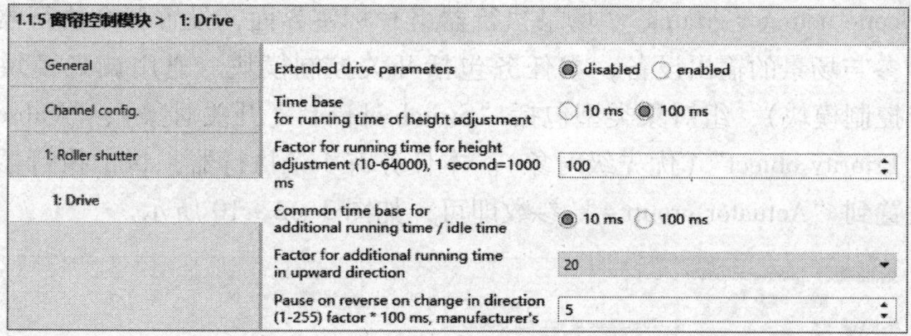

图 3－2－7　窗帘控制模块参数设置

（7）对智能面板进行参数设置

1）在“General”（通用）标签界面，根据实际使用的智能面板类型，将“Push-button module”（按键组件）参数设置为“4-gang IR”（带红外功能的八键智能面板），如图 3－2－8 所示。

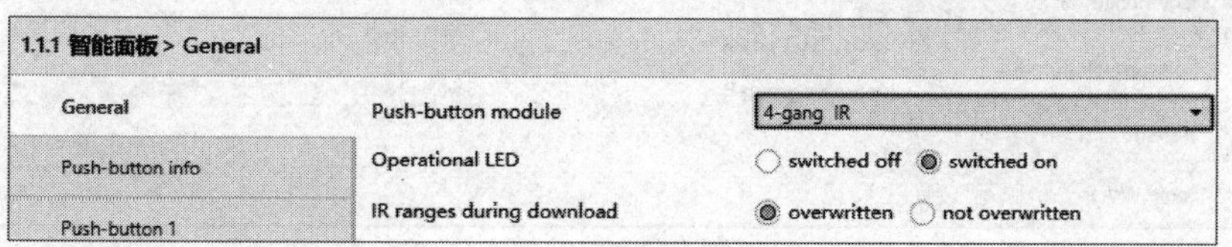

图 3－2－8　智能面板参数设置 1

2）在“Scene module”（场景模块）标签界面，将“Scene module”（场景模块）参数设置为“switched on”（开启），如图 3－2－9 所示。

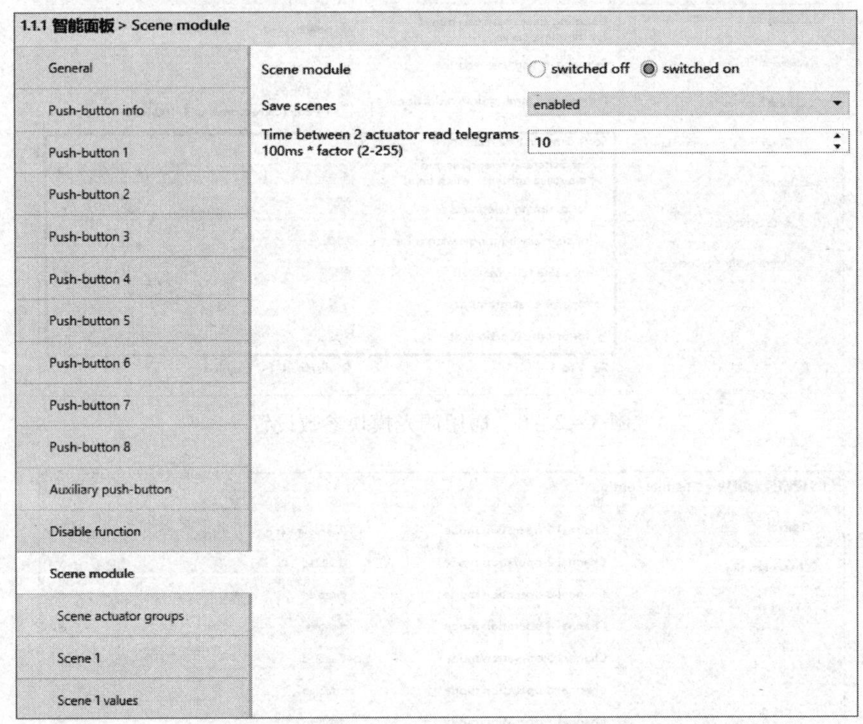

图 3－2－9　智能面板参数设置 2

3）在“Scene actuator groups”（场景执行器组）标签界面，设置各个执行器的组对象类型（执行器即参与场景的输出设备，本任务包括开关控制模块、通用调光模块、日光灯调光模块、窗帘控制模块），组对象类型包括“Switch object”（开关对象）、“Value object”（数值对象）和“Priority object”（优先级对象）。本任务有 4 个执行器，每个执行器为一组，因此，只需要设置到“Actuator group 4”参数即可，如图 3－2－10 所示。

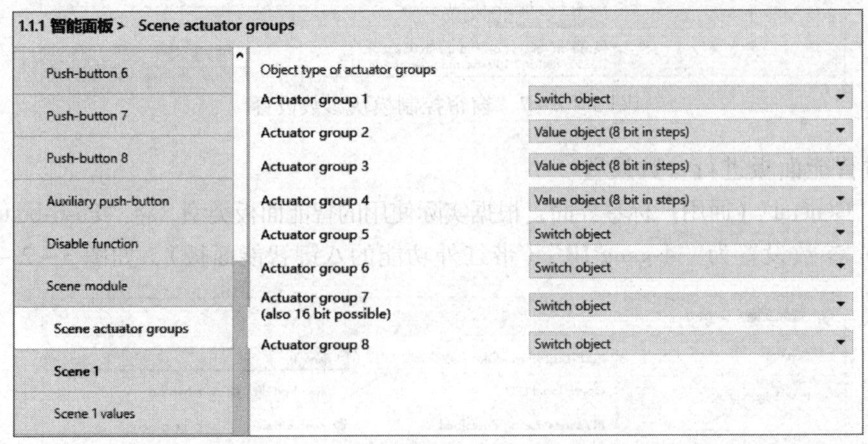

图 3－2－10　智能面板参数设置 3

4）在“Scene 1 values”（场景 1 的值）标签界面，设置发送给执行器的值，如图 3－2－11 所示，这里设定的值的个数和类型与上一步中组对象的个数和类型是对应的。

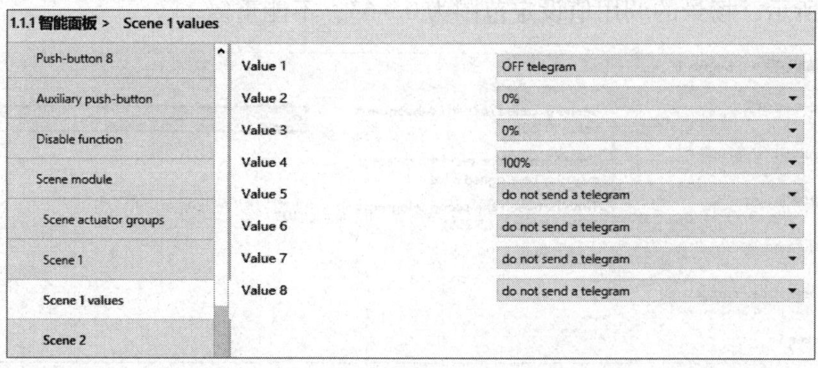

图 3－2－11　智能面板参数设置 4

本任务有三个场景，因此，采用同样的方法，分别在“Scene 2 values”（场景 2 的值）、“Scene 3 values”（场景 3 的值）标签界面设置参数的值以构建不同的场景，如图 3－2－12 所示。智能面板最多可以构建八个场景。

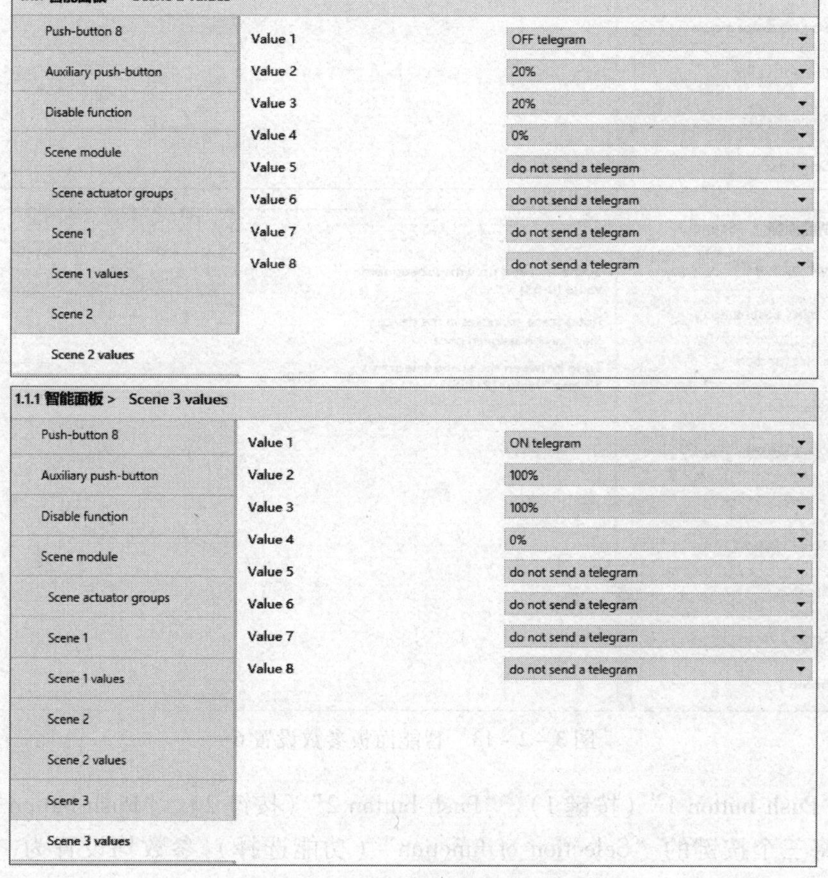

图 3－2－12　智能面板参数设置 5

5）在“Scene 1”（场景 1）、“Scene 2”（场景 2）、“Scene 3”（场景 3）标签界面，分别设置各个场景的调用值，即“Scene is called up with subsequent value(0-63)”参数，如图 3－2－13 所示，场景的调用值设定范围为 0～63，不能重复。

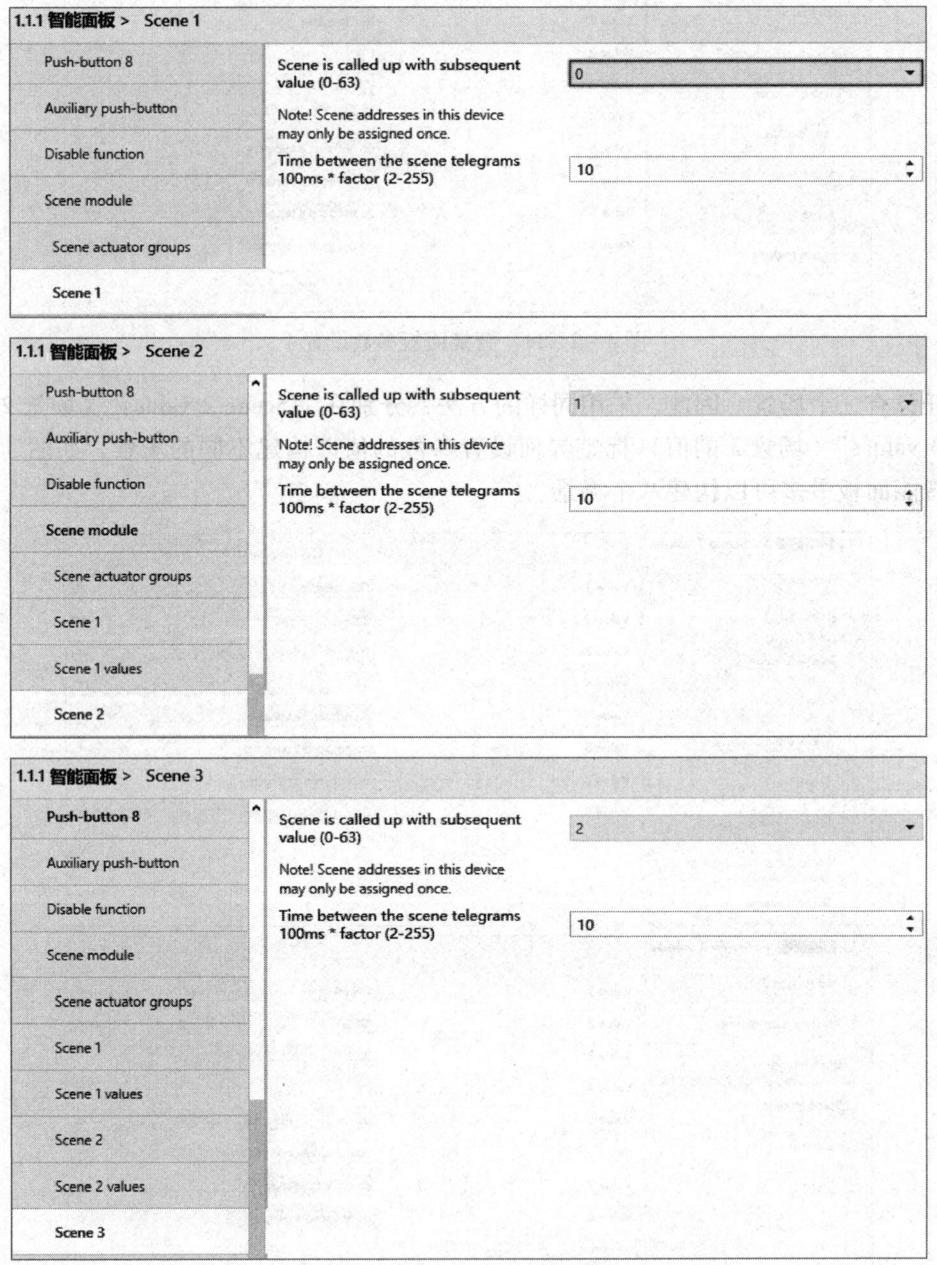

图 3－2－13　智能面板参数设置 6

6）在“Push-button 1”（按键 1）、“Push-button 2”（按键 2）、“Push-button 3”（按键 3）标签界面，将三个按键的“Selection of function”（功能选择）参数均设置为“Scene”（场景），将三个按键的“Scene address(0-63)”（场景地址）参数分别设置为上一步中三个场景

的调用值，如图 3－2－14 所示。

1.1.1 智能面板 > Push-button 1

General | Push-button info | **Push-button 1** | Push-button 2 | Push-button 3

Selection of function	Scene
Detection of long operating time 100ms * factor (4-250)	30
Scene function	◉ normal (short = recall/long = save) ○ extended
Triggering of status LED	operation = ON / release = OFF
Scene address (0-63)	0

1.1.1 智能面板 > Push-button 2

General | Push-button info | Push-button 1 | **Push-button 2** | Push-button 3

Selection of function	Scene
Detection of long operating time 100ms * factor (4-250)	30
Scene function	◉ normal (short = recall/long = save) ○ extended
Triggering of status LED	operation = ON / release = OFF
Scene address (0-63)	1

1.1.1 智能面板 > Push-button 3

General | Push-button info | Push-button 1 | Push-button 2 | **Push-button 3**

Selection of function	Scene
Detection of long operating time 100ms * factor (4-250)	30
Scene function	◉ normal (short = recall/long = save) ○ extended
Triggering of status LED	operation = ON / release = OFF
Scene address (0-63)	2

图 3－2－14　智能面板参数设置 7

（8）为各个设备分配组地址

1）为开关控制模块分配组地址。开关控制模块所控制的灯光在每个场景中均为同时开、关，因此，所有通道分配相同的组地址，如图 3－2－15 所示。

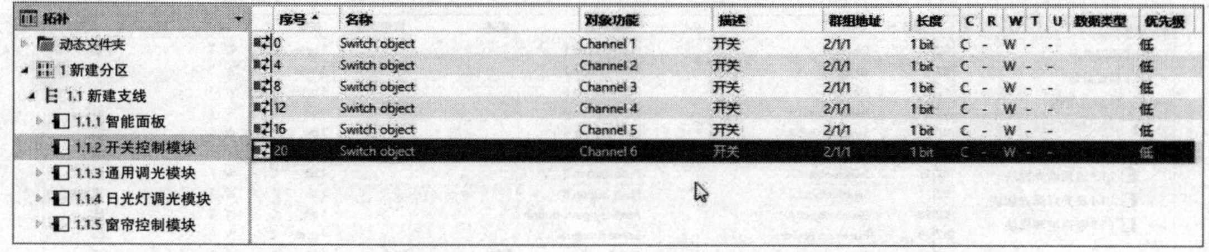

序号	名称	对象功能	描述	群组地址	长度	C	R	W	T	U	数据类型	优先级
0	Switch object	Channel 1	开关	2/1/1	1 bit	C	-	W	-	-		低
4	Switch object	Channel 2	开关	2/1/1	1 bit	C	-	W	-	-		低
8	Switch object	Channel 3	开关	2/1/1	1 bit	C	-	W	-	-		低
12	Switch object	Channel 4	开关	2/1/1	1 bit	C	-	W	-	-		低
16	Switch object	Channel 5	开关	2/1/1	1 bit	C	-	W	-	-		低
20	Switch object	Channel 6	开关	2/1/1	1 bit	C	-	W	-	-		低

图 3－2－15　开关控制模块组地址分配

2）为通用调光模块分配组地址。通用调光模块在场景中要接收具体亮度值，因此，只需要给组对象“Value object”（组对象的值）分配组地址，如图 3－2－16 所示。

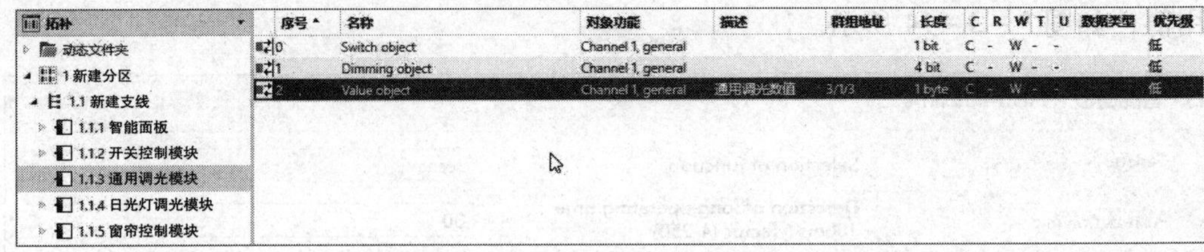

序号	名称	对象功能	描述	群组地址	长度	C	R	W	T	U	数据类型	优先级
0	Switch object	Channel 1, general			1 bit	C	-	W	-	-		低
1	Dimming object	Channel 1, general			4 bit	C	-	W	-	-		低
2	Value object	Channel 1, general	通用调光数值	3/1/3	1 byte	C	-	W	-	-		低

图 3-2-16　通用调光模块组地址分配

3）为日光灯调光模块分配组地址。日光灯调光模块与通用调光模块一样，在场景中要接收具体亮度值，只需要给组对象"Value object"（组对象的值）分配组地址，如图 3-2-17 所示。

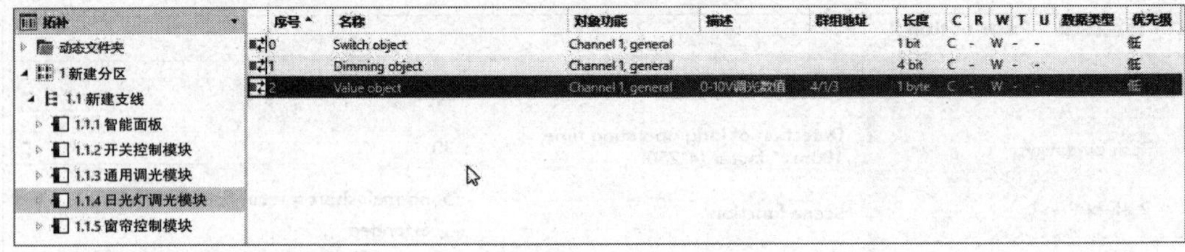

序号	名称	对象功能	描述	群组地址	长度	C	R	W	T	U	数据类型	优先级
0	Switch object	Channel 1, general			1 bit	C	-	W	-	-		低
1	Dimming object	Channel 1, general			4 bit	C	-	W	-	-		低
2	Value object	Channel 1, general	0-10V调光数值	4/1/3	1 byte	C	-	W	-	-		低

图 3-2-17　日光灯调光模块组地址分配

4）为窗帘控制模块分配组地址。窗帘控制模块在场景中要接收具体位置数值，因此，只需要给组对象"Height position in manual mode"（手动模式高度位置）分配组地址，如图 3-2-18 所示。

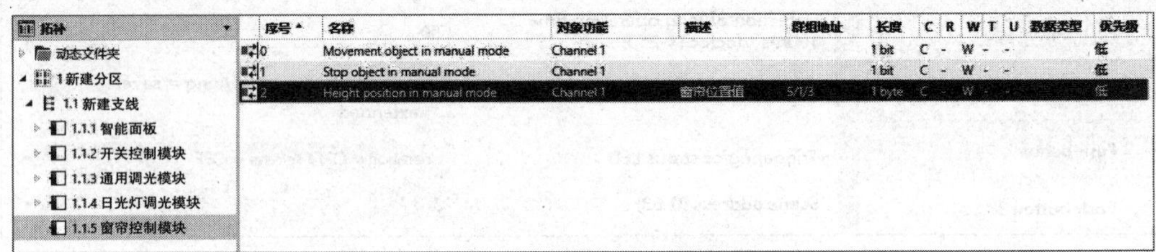

序号	名称	对象功能	描述	群组地址	长度	C	R	W	T	U	数据类型	优先级
0	Movement object in manual mode	Channel 1			1 bit	C	-	W	-	-		低
1	Stop object in manual mode	Channel 1			1 bit	C	-	W	-	-		低
2	Height position in manual mode	Channel 1	窗帘位置值	5/1/3	1 byte	C	-	W	-	-		低

图 3-2-18　窗帘控制模块组地址分配

5）为智能面板分配组地址

①为智能面板的四个执行器组"Actuator group 1""Actuator group 2""Actuator group 3""Actuator group 4"分别分配对应执行器的组地址，如图 3-2-19 所示。

序号	名称	对象功能	描述	群组地址	长度	C	R	W	T	U	数据类型	优先级
0	Object A	Push-button 1			1 byte	C	-	W	T	-		低
3	Object A	Push-button 2			1 byte	C	-	W	T	-		低
6	Object A	Push-button 3			1 byte	C	-	W	T	-		低
9	Switch object A	Push-button 4			1 bit	C	-	W	T	-		低
12	Switch object A	Push-button 5			1 bit	C	-	W	T	-		低
15	Switch object A	Push-button 6			1 bit	C	-	W	T	-		低
18	Switch object A	Push-button 7			1 bit	C	-	W	T	-		低
21	Switch object A	Push-button 8			1 bit	C	-	W	T	-		低
24	Switch object A	Auxiliary push-button			1 bit	C	-	W	T	-		低
29	Extension object	Scene function			1 byte	C	-	W	-	-		低
30	Actuator group 1	Switch	开关	2/1/1	1 bit	C	-	W	T	U		低
31	Actuator group 2	Send value	通用调光数值	3/1/3	1 byte	C	-	W	T	U		低
32	Actuator group 3	Send value	0-10V调光数值	4/1/3	1 byte	C	-	W	T	U		低
33	Actuator group 4	Send value	窗帘位置值	5/1/3	1 byte	C	-	W	T	U		低
34	Actuator group 5	Switch			1 bit	C	-	W	T	U		低
35	Actuator group 6	Switch			1 bit	C	-	W	T	U		低

图 3-2-19　智能面板组地址分配 1

②为智能面板的组对象“Extension object”（扩展对象）分配组地址，如图 3－2－20 所示。

拓扑
动态文件夹
1 新建分区
1.1 新建支线
1.1.1 智能面板
1.1.2 开关控制模块
1.1.3 通用调光模块
1.1.4 日光灯调光模块
1.1.5 窗帘控制模块

序号	名称	对象功能	描述	群组地址	长度	C	R	W	T	U	数据类型	优先级
0	Object A	Push-button 1			1 byte	C	-	W	T	-		低
3	Object A	Push-button 2			1 byte	C	-	W	T	-		低
6	Object A	Push-button 3			1 byte	C	-	W	T	-		低
9	Switch object A	Push-button 4			1 bit	C	-	W	T	-		低
12	Switch object A	Push-button 5			1 bit	C	-	W	T	-		低
15	Switch object A	Push-button 6			1 bit	C	-	W	T	-		低
18	Switch object A	Push-button 7			1 bit	C	-	W	T	-		低
21	Switch object A	Push-button 8			1 bit	C	-	W	T	-		低
24	Switch object A	Auxiliary push-button			1 bit	C	-	W	T	-		低
29	Extension object	Scene function	新建群组地址	10/1/1	1 byte	C	-	W	-	-		低
30	Actuator group 1	Switch	开关	2/1/1	1 bit	C	-	W	T	U		低
31	Actuator group 2	Send value	通用调光数值	3/1/3	1 byte	C	-	W	T	U		低
32	Actuator group 3	Send value	0-10V调光数值	4/1/3	1 byte	C	-	W	T	U		低
33	Actuator group 4	Send value	窗帘位置值	5/1/3	1 byte	C	-	W	T	U		低
34	Actuator group 5	Switch			1 bit	C	-	W	T	U		低
35	Actuator group 6	Switch			1 bit	C	-	W	T	U		低
36	Actuator group 7	Switch			1 bit	C	-	W	T	U		低
37	Actuator group 8	Switch			1 bit	C	-	W	T	U		低

图 3－2－20　智能面板组地址分配 2

③为智能面板的三个组对象“Object A”分别分配调用场景功能的组地址，应与组对象“Extension object”（扩展对象）的组地址一致，如图 3－2－21 所示。

拓扑
动态文件夹
1 新建分区
1.1 新建支线
1.1.1 智能面板
1.1.2 开关控制模块
1.1.3 通用调光模块
1.1.4 日光灯调光模块
1.1.5 窗帘控制模块

序号	名称	对象功能	描述	群组地址	长度	C	R	W	T	U	数据类型	优先级
0	Object A	Push-button 1	新建群组地址	10/1/1	1 byte	C	-	W	T	-		低
3	Object A	Push-button 2	新建群组地址	10/1/1	1 byte	C	-	W	T	-		低
6	Object A	Push-button 3	新建群组地址	10/1/1	1 byte	C	-	W	T	-		低
9	Switch object A	Push-button 4			1 bit	C	-	W	T	-		低
12	Switch object A	Push-button 5			1 bit	C	-	W	T	-		低
15	Switch object A	Push-button 6			1 bit	C	-	W	T	-		低
18	Switch object A	Push-button 7			1 bit	C	-	W	T	-		低
21	Switch object A	Push-button 8			1 bit	C	-	W	T	-		低
24	Switch object A	Auxiliary push-button			1 bit	C	-	W	T	-		低
29	Extension object	Scene function	新建群组地址	10/1/1	1 byte	C	-	W	-	-		低
30	Actuator group 1	Switch	开关	2/1/1	1 bit	C	-	W	T	U		低
31	Actuator group 2	Send value	通用调光数值	3/1/3	1 byte	C	-	W	T	U		低
32	Actuator group 3	Send value	0-10V调光数值	4/1/3	1 byte	C	-	W	T	U		低
33	Actuator group 4	Send value	窗帘位置值	5/1/3	1 byte	C	-	W	T	U		低
34	Actuator group 5	Switch			1 bit	C	-	W	T	U		低
35	Actuator group 6	Switch			1 bit	C	-	W	T	U		低
36	Actuator group 7	Switch			1 bit	C	-	W	T	U		低
37	Actuator group 8	Switch			1 bit	C	-	W	T	U		低

图 3－2－21　智能面板组地址分配 3

（9）将应用程序下载到设备中

1）如未下载物理地址，则按下对应设备上的编程按钮，选择“完整下载”命令将物理地址和应用程序下载到设备中。

2）如已下载物理地址，则选择“下载应用”命令将应用程序下载到设备中。应用程序下载后，调试过程中如需更改参数或组对象链接，则选择“部分下载”命令即可。

3. 运行调试

基于智能面板实现的会议室场景控制系统总线设备参数设置与编程完成后，要对整个系统进行运行调试。运行调试时，应按照控制要求逐一操作验证，观察各个功能能否正常实现。

测试按键 1 功能：白天会议模式，灯光全部熄灭，窗帘打开。

测试按键 2 功能：晚上会议模式，灯光全部点亮，窗帘关闭。

测试按键 3 功能：投影模式，座位上方灯光亮度为 20%，投影屏幕上方灯光熄灭，窗帘关闭。

如果功能正常实现，则运行调试结束；如果功能未正常实现，则需要排查故障，可以借助 ETS 软件的诊断功能查找故障原因。

4. 整理与验收

运行调试结束后，小组成员分工打扫卫生，整理工位，交付验收。

任务测评

考核及成绩评定见表 3-2-6。

表 3-2-6　考核及成绩评定表

评价内容		配分	Y/N	得分
设备安装	按图实施，完成所有设备的安装与线路连接	5		
	安装方法、步骤正确，布线横平竖直、整洁有序	5		
	所有设备固定安全、牢固、无晃动	5		
	实施过程中导线绝缘层或线芯无损伤	5		
	接线紧固、美观，接点牢固，接头漏铜长度适中，无反圈、压绝缘层问题	5		
	线号标记清楚，无遗漏或误标问题	5		
	中性线和地线颜色选用正确	3		
功能调试	无短路或接地错误	5		
	通电调试时遵守安全操作规程	10		
	按键 1 功能运行正确	15		
	按键 2 功能运行正确	15		
	按键 3 功能运行正确	15		
安全文明生产	实施过程中无违规操作	4		
	实施过程中始终保持场地整洁，实施结束后将场地整理干净，符合“6S”管理制度	3		
合计		100		

任务 3　基于执行器实现的会议室场景控制系统的安装与调试

学习目标

1. 能根据工作任务联系单和现场勘察，明确工时、工作内容等要求。

2. 能根据任务要求，列出所需器材和资料清单并做好准备，合理制订工作计划。

3. 能认识并使用KNX电源模块、USB接口、智能面板、开关控制模块、调光控制模块、窗帘控制模块等完成基于执行器实现的会议室场景控制系统的设备安装和线路连接。

4. 能使用ETS软件编程并调试基于执行器实现的会议室场景控制系统。

任务描述

学院新设一间多功能会议室，需要安装一套KNX智能场景控制系统，能够根据不同场景对灯光、窗帘进行快速控制，以达到会议要求。电工班接到任务后，在规定时间内完成基于执行器实现的会议室场景控制系统的安装与调试，并交付验收。本任务控制要求如下：为智能面板的3个按键分别设置三个不同的应用场景，其中，场景一为白天会议模式，灯光全部熄灭，窗帘打开；场景二为晚上会议模式，灯光全部点亮，窗帘关闭；场景三为投影模式，座位上方灯光亮度为20%，投影屏幕上方灯光熄灭，窗帘关闭。

相关知识

基于执行器实现的会议室场景控制系统需要用到的总线设备包括：

1. 系统设备：KNX电源模块、USB接口。

2. 输入设备：智能面板。

3. 输出设备：开关控制模块、窗帘控制模块、日光灯调光模块、通用调光模块。

任务实施

一、明确任务

工作任务联系单见表3-3-1。

表3-3-1　　工作任务联系单

<table>
<tr><td rowspan="3">申报项目</td><td>申报地点</td><td></td><td>申报人</td><td></td><td>联系电话</td><td></td></tr>
<tr><td>申报事项</td><td colspan="5">给会议室安装会议室场景控制系统，为智能面板的3个按键分别设置三个不同的应用场景，其中，场景一为白天会议模式，灯光全部熄灭，窗帘打开；场景二为晚上会议模式，灯光全部点亮，窗帘关闭；场景三为投影模式，座位上方灯光亮度为20%，投影屏幕上方灯光熄灭，窗帘关闭</td></tr>
<tr><td>申报时间</td><td></td><td>要求完成时间</td><td></td><td>派单人</td><td></td></tr>
<tr><td rowspan="4">安装调试项目</td><td>接单人</td><td></td><td>开始时间</td><td></td><td>完成时间</td><td></td></tr>
<tr><td colspan="2">所需器材</td><td colspan="4">KNX电源模块、USB接口、开关控制模块、智能面板、窗帘控制模块、日光灯调光模块、通用调光模块、窗帘、灯具、LED调光驱动器、导轨、配电箱、KNX总线、导线等</td></tr>
<tr><td colspan="2">安装位置</td><td colspan="4"></td></tr>
<tr><td colspan="2">实施建议</td><td colspan="4">清理现场，规划安装区域，做好实施准备</td></tr>
</table>

续表

<table>
<tr><td rowspan="2">验收项目</td><td colspan="4">实施人员工作态度是否端正：　是□　否□
本次是否解决问题：　是□　否□
是否按时完成：　是□　否□
完成质量：　优□　良□　中□　差□
客户评价：　非常满意□　基本满意□　不满意□
客户意见或建议：</td></tr>
<tr><td>客户签名</td><td></td><td>实施人员签名</td><td></td></tr>
</table>

二、制订工作计划

1. 小组成员及分工（见表 3-3-2）

表 3-3-2　小组成员及分工

序号	姓名	分工
		小组负责人
		安全员
		施工员

2. 器材和资料清单（见表 3-3-3）

表 3-3-3　器材和资料清单

<table>
<tr><td>工具</td><td colspan="4">电工通用工具（1 套）、专用工具（如手电钻、压线钳、各种扳手等）</td></tr>
<tr><td>仪表</td><td colspan="4">ZC25-3 型兆欧表（500V）、MG3-1 型钳形电流表、MF47 型万用表等</td></tr>
<tr><td>资料</td><td colspan="4">工作任务联系单、设备产品说明书、ETS 软件使用手册、施工图纸、电工安全操作规程、电工手册、电气装置安装工程施工及验收规范等</td></tr>
<tr><td>材料</td><td colspan="4">导轨、KNX 总线、导线、线槽、线管、绝缘材料等</td></tr>
<tr><td rowspan="10">器件</td><td>序号</td><td>名称</td><td>型号</td><td>数量</td></tr>
<tr><td>1</td><td>断路器</td><td>EA9AN2C10</td><td>1</td></tr>
<tr><td>2</td><td>KNX 电源模块</td><td>MTN684064</td><td>1</td></tr>
<tr><td>3</td><td>USB 接口</td><td>MTN681829</td><td>1</td></tr>
<tr><td>4</td><td>开关控制模块</td><td>MTN649202</td><td>1</td></tr>
<tr><td>5</td><td>智能面板</td><td>MTN628419</td><td>1</td></tr>
<tr><td>6</td><td>窗帘控制模块</td><td>MTN649802</td><td>1</td></tr>
<tr><td>7</td><td>日光灯调光模块</td><td>MTN647091</td><td>1</td></tr>
<tr><td>8</td><td>通用调光模块</td><td>MTN649350</td><td>1</td></tr>
<tr><td>9</td><td>白炽灯灯座</td><td>—</td><td>1</td></tr>
</table>

续表

	序号	名称	型号	数量
器件	10	白炽灯灯泡	—	1
	11	LED 日光灯灯管	—	3
	12	LED 日光灯灯座（带驱动器）	—	2
	13	LED 日光灯灯座（不带驱动器）	—	1
	14	LED 调光驱动器	—	1
	15	电动卷帘	—	1
	16	配电箱	—	1

3. 工序及工期安排（见表 3－3－4）

表 3－3－4　　工序及工期安排

序号	工作内容	完成时间	备注

4. 安全防护措施

（1）团队协作，设立专职安全员，一人安装，另一人监护。

（2）遵循健康和安全标准，使用合适的个人防护用品，包括安全鞋靴、耳朵和眼睛护具等。

（3）合理规划工作区域，最大限度地提高效率并保持工作区域的环境卫生。

（4）安全使用工具和仪器仪表并保持清洁，妥善保存。

（5）上电前应确保人身、设备安全，通电测试必须按功能要求完成每一个功能的检测，以确保设备运行正常，达到功能控制要求。

三、现场实施

1. 设备安装与线路连接

（1）设备安装与接线

基于执行器实现的会议室场景控制系统的配电箱内设备安装与接线示意图如图 3－3－1 所示，KNX 总线的单股硬线芯直接插接在红黑端子上即可，由于本任务负载较小，负载电源线使用 1 mm^2 BV 导线敷设。

基于执行器实现的会议室场景控制系统的整体接线示意图如图 3－3－2 所示。

（2）自检、互检

安装和接线完毕，应进行自检、互检，并记录自检和互检情况，见表 3－3－5。

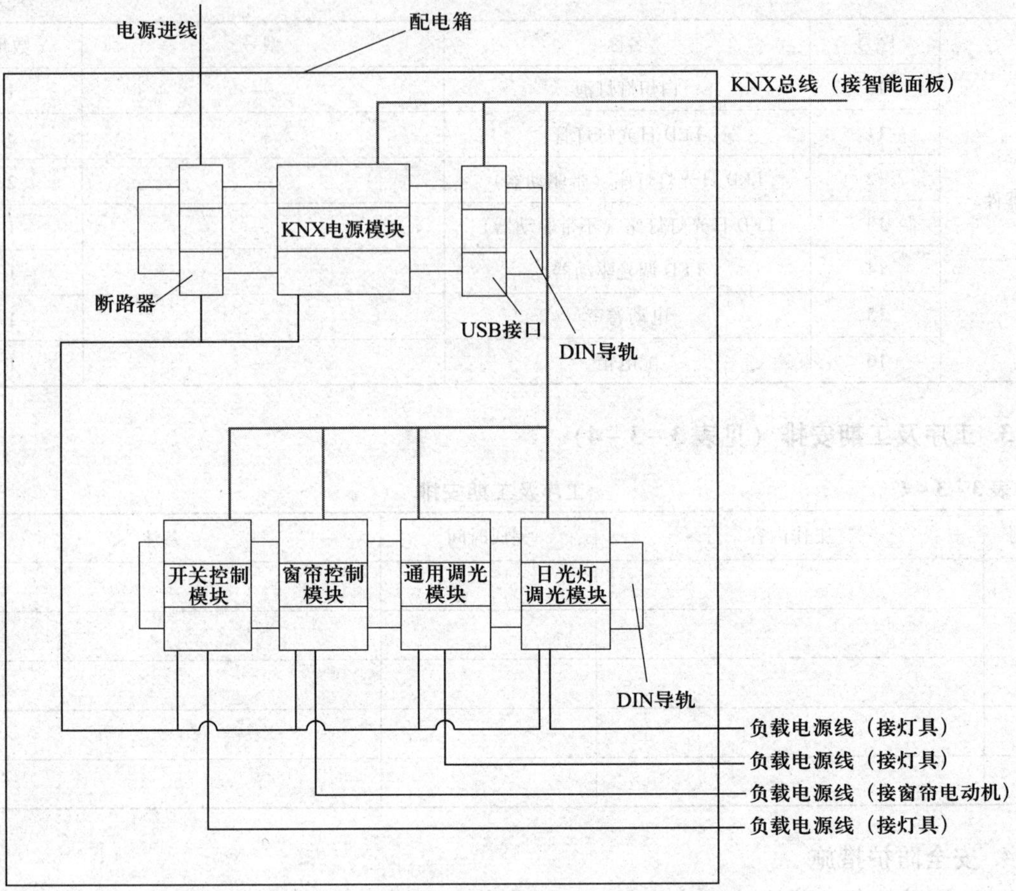

电源进线
配电箱
KNX总线（接智能面板）
KNX电源模块
断路器
USB接口
DIN导轨
开关控制模块
窗帘控制模块
通用调光模块
日光灯调光模块
DIN导轨
负载电源线（接灯具）
负载电源线（接灯具）
负载电源线（接窗帘电动机）
负载电源线（接灯具）

图 3-3-1　配电箱内设备安装与接线示意图

智能面板
KNX总线
NL
断路器
KNX电源模块
开关控制模块
窗帘控制模块
通用调光模块
日光灯调光模块
USB接口
DIM−
DIM+
L
N
G
LED+
LED−
LED日光灯
LED日光灯（带驱动器）
M
窗帘电动机
白炽灯
LED调光驱动器
PE

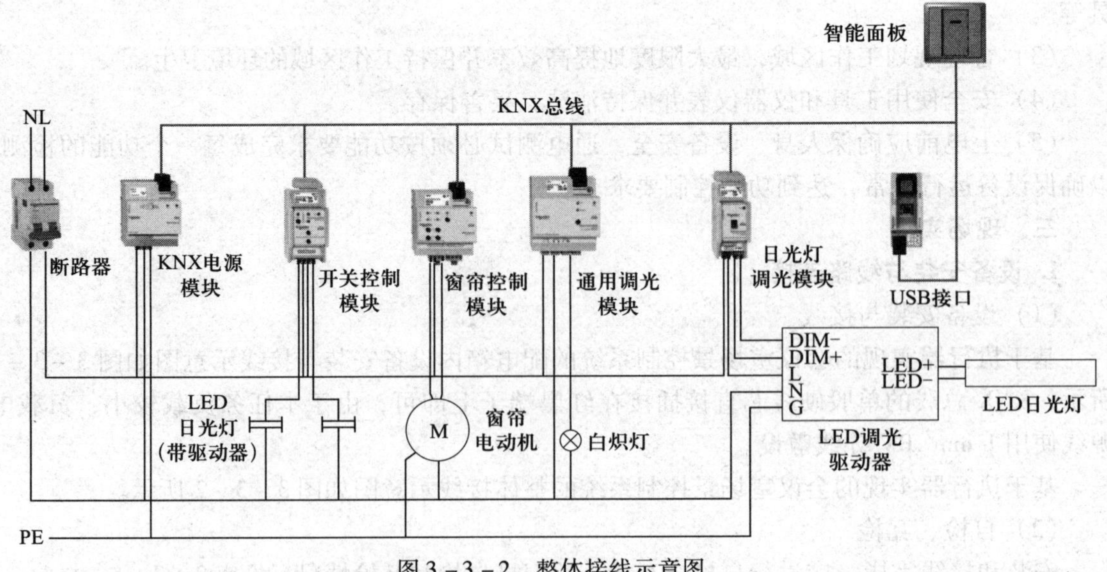

图 3-3-2　整体接线示意图

表 3－3－5　　自检、互检记录表

检查项目	检查结果	
	自检	互检
设备安装是否合理		
线路连接是否正确		
安装工艺是否合格		

2. 参数设置与编程

场景设置也可以利用执行器（输出设备）的场景功能来实现，是一种区别于基于智能面板的场景设置思路，具体方法是利用各个执行器的场景功能，将场景参数设置在输出设备里，用智能面板对场景组地址发送不同的值来调用不同的场景。

（1）创建项目

打开 ETS5 软件，创建名称为“场景 2”的新项目，如图 3－3－3 所示。

（2）添加设备，下载物理地址

在“拓扑”工作区面板，默认建立名称为“新建分区”的分区和名称为“新建支线”的支线，根据本任务需要，在“新建支线”下添加 MTN628419、MTN649202、MTN649350、MTN647091、MTN649802 五个设备，并根据需要修改设备物理地址和名称，下载物理地址，如图 3－3－4 所示。

图 3－3－3　创建项目

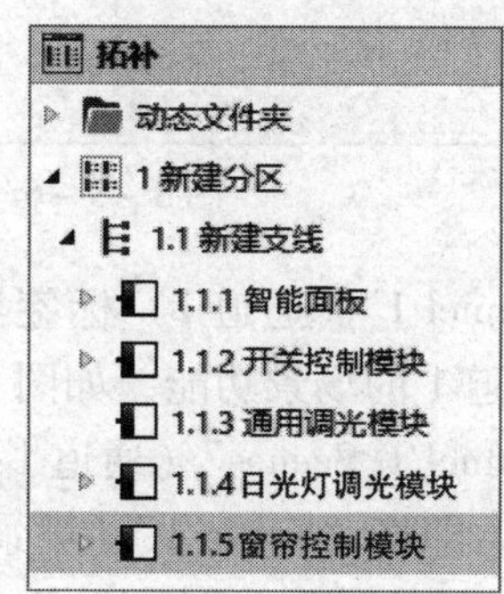

图 3－3－4　添加设备

（3）对开关控制模块进行参数设置

在“拓扑”工作区面板，通过设备的“参数”标签对设备进行参数设置。

1）在“General”（通用）标签界面，将“Scenes in general”（通用场景）参数设置为“enabled”（启用），打开通用场景功能，如图 3－3－5 所示。

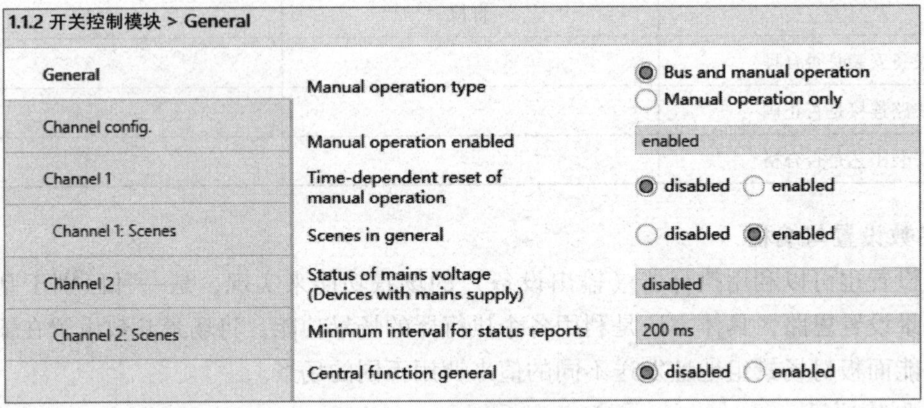

1.1.2 开关控制模块 > General

General
Channel config.
Channel 1
Channel 1: Scenes
Channel 2
Channel 2: Scenes

Manual operation type — Bus and manual operation / Manual operation only
Manual operation enabled — enabled
Time-dependent reset of manual operation — disabled / enabled
Scenes in general — disabled / enabled
Status of mains voltage (Devices with mains supply) — disabled
Minimum interval for status reports — 200 ms
Central function general — disabled / enabled

图 3－3－5　开关控制模块参数设置 1

2）在“Channel config.”（通道配置）标签界面，根据实际需要打开相应的通道，如图 3－3－6 所示。

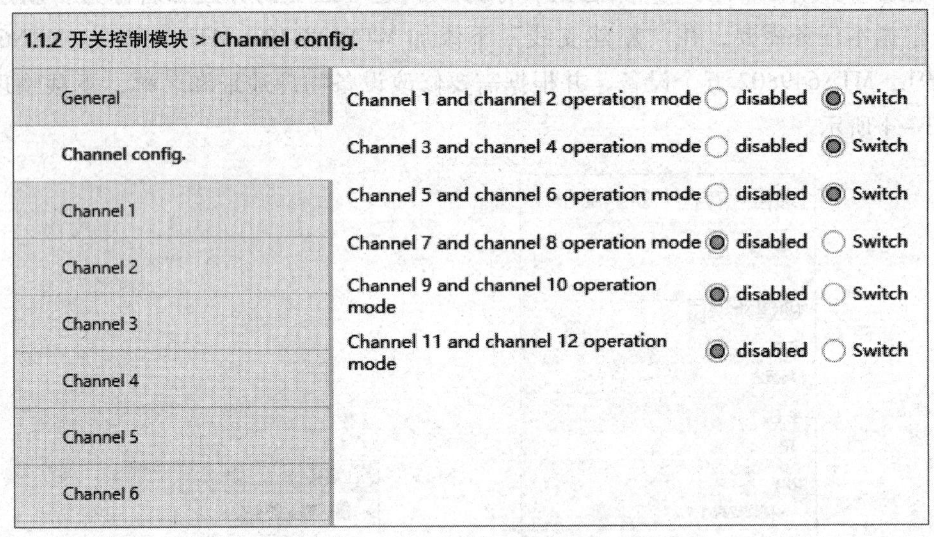

图 3－3－6　开关控制模块参数设置 2

3）在“Channel 1”（通道 1）标签界面，将“Scenes”（场景）参数设置为“enabled”（启用），打开通道 1 的场景功能，如图 3－3－7 所示。

4）在“Channel 1: Scenes”（通道 1：场景）标签界面，最多可以设置五个场景，本任务打开三个场景，即将“Scene 1”（场景 1）、“Scene 2”（场景 2）、“Scene 3”（场景 3）三个参数均设置为“enabled”（启用）；依次给不同的场景设置不同的地址，将“Scene 1: Scene address(0-63)”（场景 1：场景地址）参数设置为“0”，“Scene 2: Scene address(0-63)”（场景 2：场景地址）参数设置为“1”，“Scene 3: Scene address(0-63)”（场景 3：场景地址）参数设置为“2”；根据各个场景中该通道负载的要求，分别设置“Scene 1: Relay state”（场景 1：负载状态)、“Scene 2: Relay state”(场景 2：负载状态)、“Scene 3: Relay state”(场景 3：负载状态)三个参数，如图 3－3－8 所示。特别提示：一定要将“Overwrite scene values in the actuator during download”(下载时覆盖执行器中的场景值)参数设置为“enabled”(启用)。

1.1.2 开关控制模块 > Channel 1

Tab	Parameter	Setting
General	Relay operation	◉ make contact ○ break contact
Channel config.	Staircase lighting function	◉ disabled ○ enabled
Channel 1	Delay times	◉ disabled ○ enabled
Channel 1: Scenes	Scenes	○ disabled ◉ enabled
Channel 2	Central function	◉ disabled ○ enabled
Channel 2: Scenes	Higher priority function	disabled
	Disable function	◉ disabled ○ enabled
	Failure mode	◉ disabled ○ enabled
	Status report	disabled
	Manual operation when bus voltage fails (mains voltage present)	◉ disabled ○ enabled

图 3－3－7　开关控制模块参数设置 3

1.1.2 开关控制模块 > Channel 1: Scenes

Tab	Parameter	Setting
General	Overwrite scene values in the actuator during download	○ disabled ◉ enabled
Channel config.	Scene 1	○ disabled ◉ enabled
Channel 1	Scene 1: Scene address (0-63)	0
Channel 1: Scenes	Scene 1: Relay state	◉ not operated ○ pressed
Channel 2	Scene 2	○ disabled ◉ enabled
Channel 2: Scenes	Scene 2: Scene address (0-63)	1
	Scene 2: Relay state	○ not operated ◉ pressed
	Scene 3	○ disabled ◉ enabled
	Scene 3: Scene address (0-63)	2
	Scene 3: Relay state	◉ not operated ○ pressed
	Scene 4	◉ disabled ○ enabled
	Scene 5	◉ disabled ○ enabled

图 3－3－8　开关控制模块场景设置 1

采用同样的方法在“Channel 2”(通道 2)、“Channel 2: Scenes”(通道 2：场景)标签界面进行参数设置，其中，通道 2 的三个场景地址应与“Channel 1: Scenes”(通道 1：场景)标签界面通道 1 的三个场景地址对应一致，但是通道 2 在各个场景中的状态应根据实际要求设置，如图 3－3－9 所示。

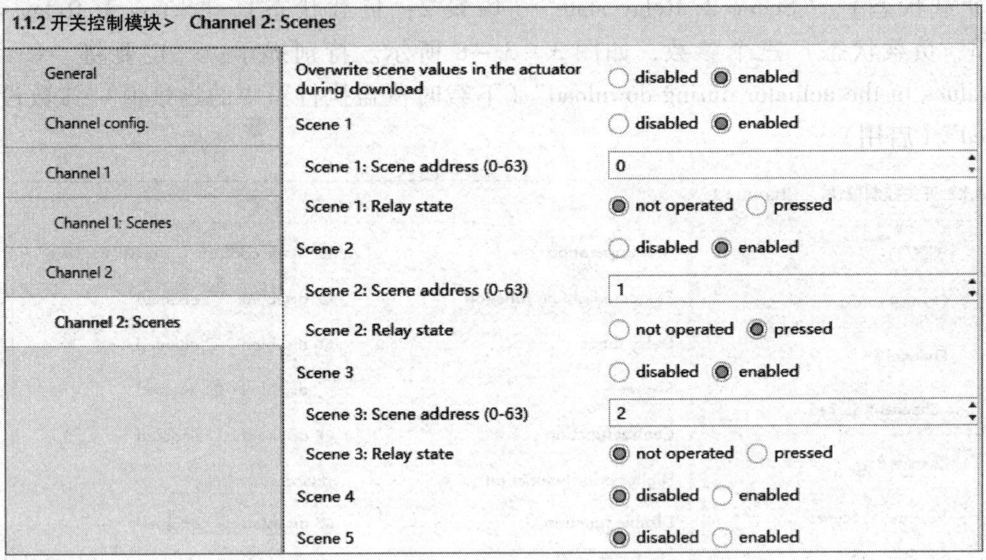

图 3－3－9　开关控制模块场景设置 2

（4）对通用调光模块进行参数设置

1）在“General”（通用）标签界面，根据实际需要打开相应的通道，将“Scenes”（场景）参数设置为“enabled”（启用），打开通用场景功能，如图 3－3－10 所示。

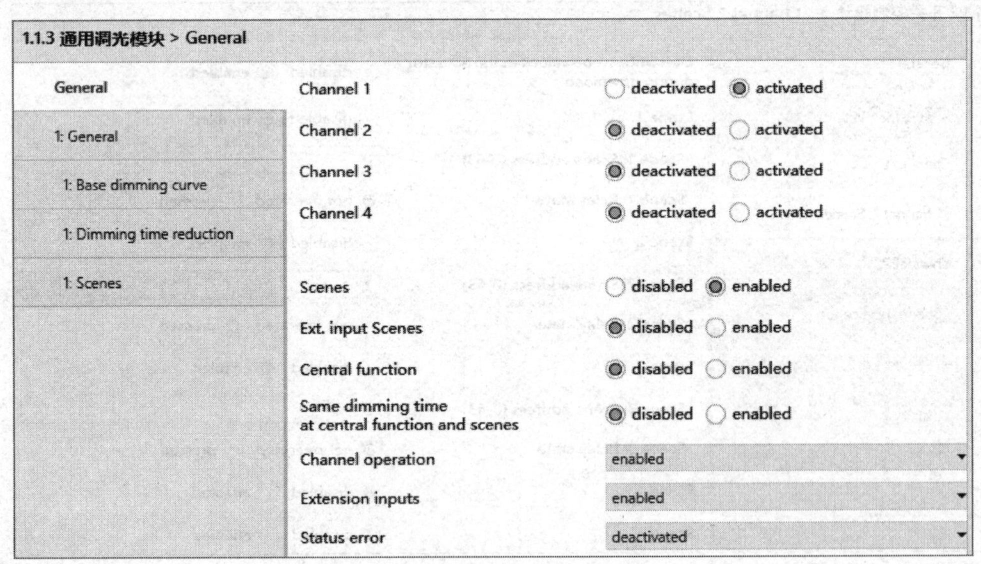

图 3－3－10　通用调光模块参数设置 1

2）在“1: General”（通道 1：通用）标签界面，将“Scenes”（场景）参数设置为“enabled”（启用），打开通道 1 的场景功能，如图 3－3－11 所示。

3）在“1: Dimming time reduction”（通道 1：调光时间压缩）标签界面，将参数设置为合适的调光速度，如图 3－3－12 所示。

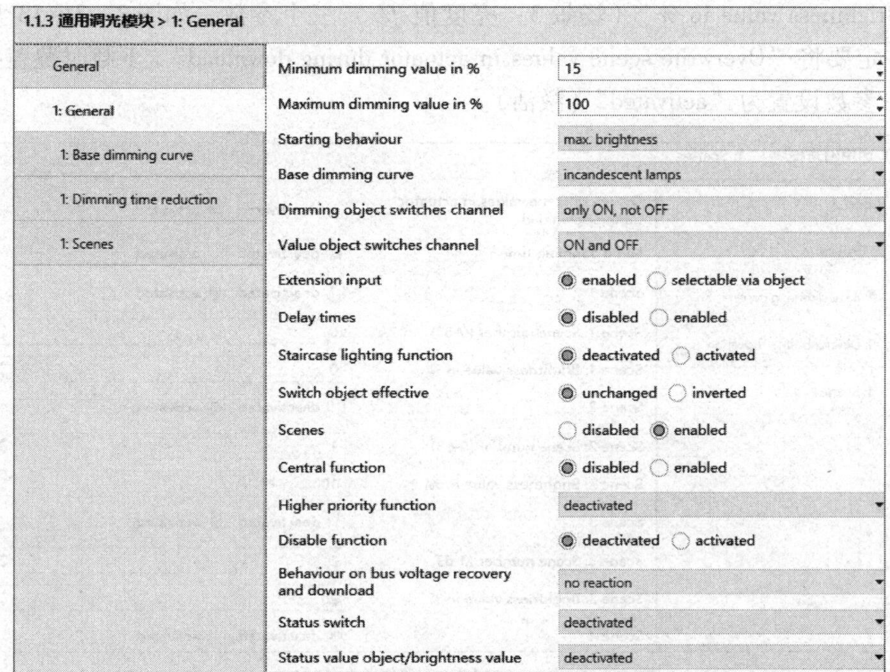

图 3-3-11　通用调光模块参数设置 2

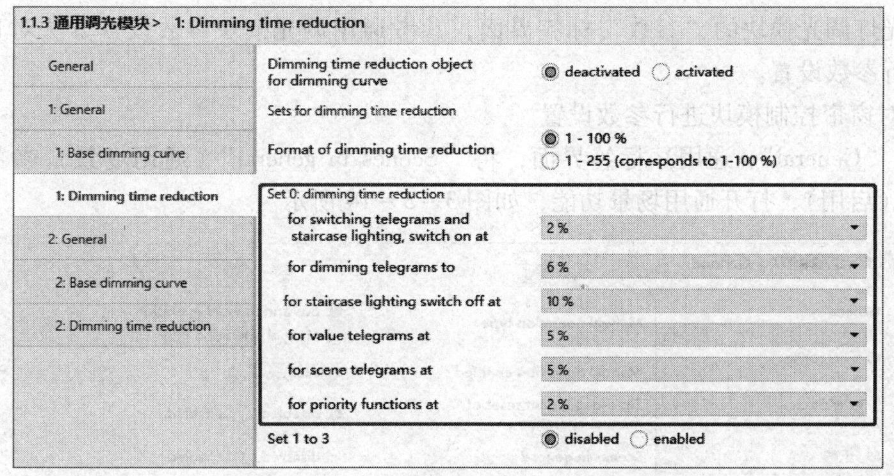

图 3-3-12　通用调光模块参数设置 3

4）在“1: Scenes”（通道 1：场景）标签界面，最多可以设置五个场景，本任务打开三个场景，即将“Scene 1”（场景 1）、“Scene 2”（场景 2）、“Scene 3”（场景 3）三个参数均设置为“activated”（激活）；依次给不同的场景设置不同的编号，将“Scene 1: Scene number(0-63)”（场景 1：场景编号）参数设置为“0”，“Scene 2: Scene number(0-63)”（场景 2：场景编号）参数设置为“1”，“Scene 3: Scene number(0-63)”（场景 3：场景编号）参数设置为“2”；根据各个场景中该通道负载的要求，分别设置“Scene 1: Brightness value in %”（场景 1：亮度值/%）、“Scene 2: Brightness value in %”（场景 2：亮度值/%）、

“Scene 3: Brightness value in %”（场景 3：亮度值/%）三个参数，如图 3－3－13 所示。特别提示：一定要将“Overwrite scene values in actuator during download”（下载时覆盖执行器中的场景值）参数设置为“activated”（激活）。

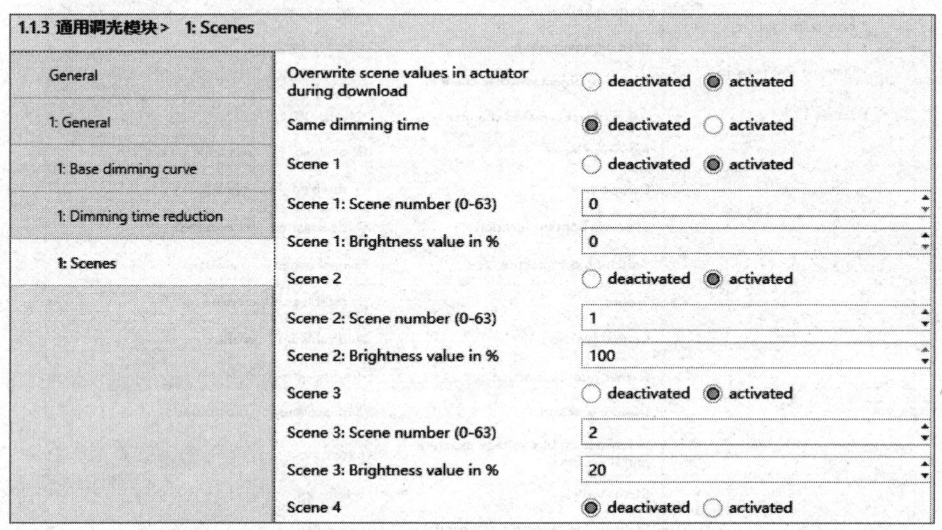

图 3－3－13 通用调光模块场景设置

（5）对日光灯调光模块进行参数设置

在日光灯调光模块的“参数”标签界面，参考通用调光模块参数设置方法对日光灯调光模块进行参数设置。

（6）对窗帘控制模块进行参数设置

1）在“General”（通用）标签界面，将“Scenes in general”（通用场景）参数设置为“enabled”（启用），打开通用场景功能，如图 3－3－14 所示。

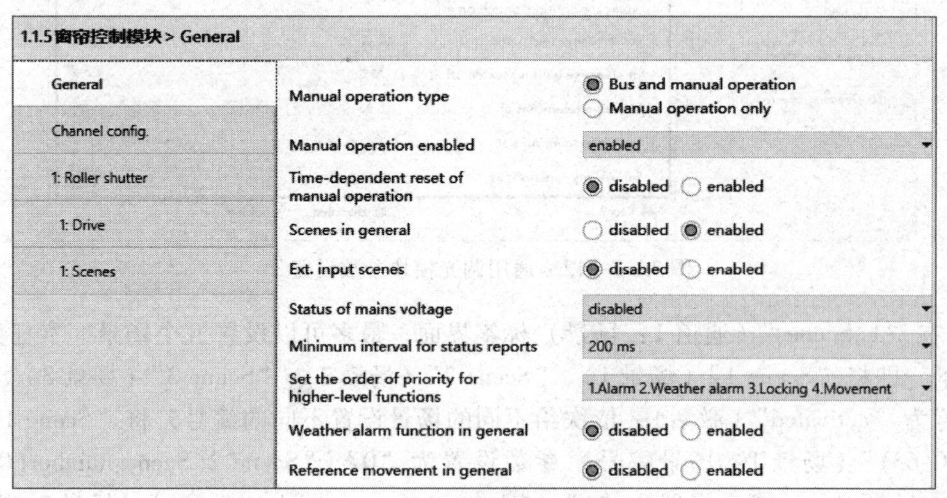

图 3－3－14 窗帘控制模块参数设置 1

2）在“Channel config.”（通道配置）标签界面，将“Channel 1 operation mode”（通道 1

操作模式）参数设置为“Roller shutter”（卷帘），如图 3－3－15 所示。

1.1.5 窗帘控制模块 > Channel config.

General / Channel config. / 1: Roller shutter / 1: Drive		
	Channel 1 operation mode	Roller shutter
	Channel 2 operation mode	disabled
	Channel 3 operation mode	disabled
	Channel 4 operation mode	disabled
	Channel 5 operation mode	disabled
	Channel 6 operation mode	disabled
	Channel 7 operation mode	disabled
	Channel 8 operation mode	disabled

图 3－3－15　窗帘控制模块参数设置 2

3）在“1: Roller shutter”（通道 1：卷帘）标签界面，将“Scenes”（场景）参数设置为“enabled”（启用），打开通道 1 的场景功能，如图 3－3－16 所示。

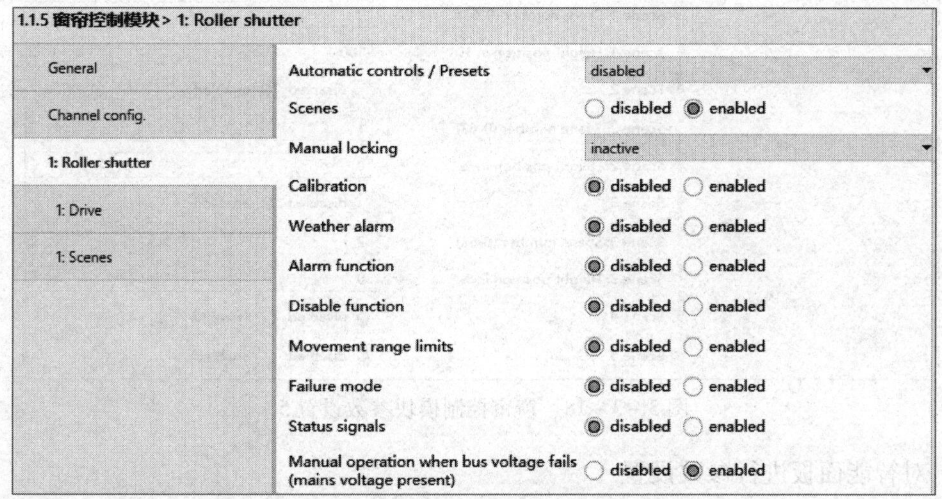

图 3－3－16　窗帘控制模块参数设置 3

4）在“1: Drive”（通道 1：驱动）标签界面，设置窗帘运动时间，如图 3－3－17 所示。

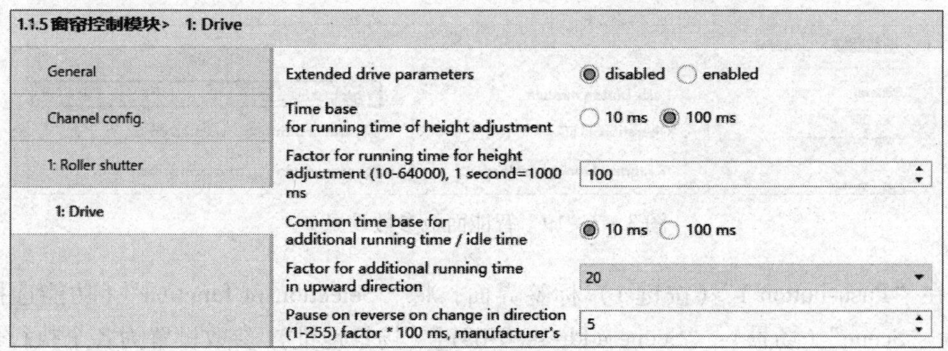

图 3－3－17　窗帘控制模块参数设置 4

5）在“1: Scenes”（通道 1：场景）标签界面，最多可以设置五个场景，本任务打开三个场景，即将“Scene 1”（场景 1）、“Scene 2”（场景 2）、“Scene 3”（场景 3）三个参数均设置为“enabled”（启用）；依次给不同的场景设置不同的编号，将“Scene 1: Scene number (0-63)”（场景 1：场景编号）参数设置为“0”，“Scene 2: Scene number(0-63)”（场景 2：场景编号）参数设置为“1”，“Scene 3: Scene number(0-63)”（场景 3：场景编号）参数设置为“2”；根据各个场景中该通道负载的要求，分别设置“Scene 1: Height position in %”（场景 1：高度位置/%）、“Scene 2: Height position in %”（场景 2：高度位置/%）、“Scene 3: Height position in %”（场景 3：高度位置/%）三个参数，如图 3－3－18 所示。特别提示：一定要将“Overwrite scene values in the actuator during download”（下载时覆盖执行器中的场景值）参数设置为“enabled”（启用）。

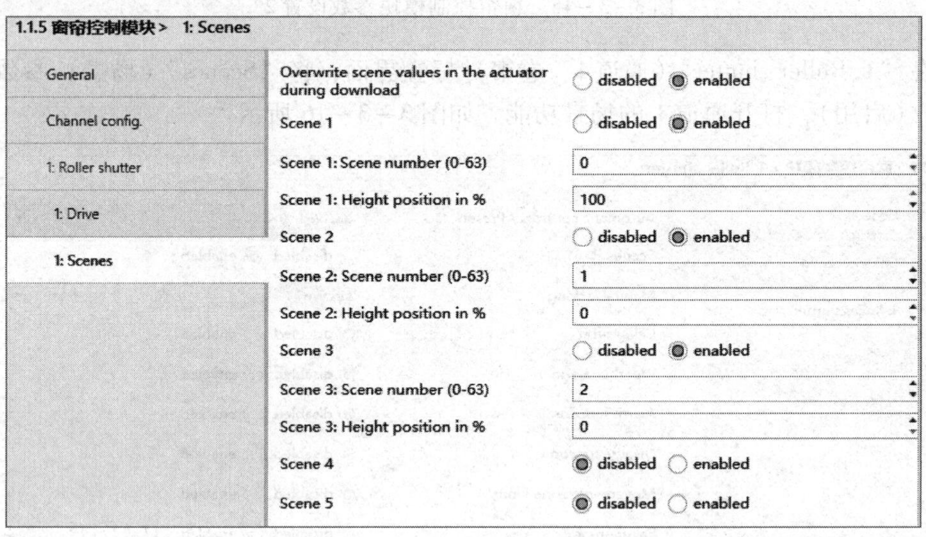

图 3－3－18　窗帘控制模块参数设置 5

（7）对智能面板进行参数设置

1）在“General”（通用）标签界面，根据实际使用的智能面板类型，将“Push-button module”（按键组件）参数设置为“4-gang IR”（带红外功能的八键智能面板），如图 3－3－19 所示。

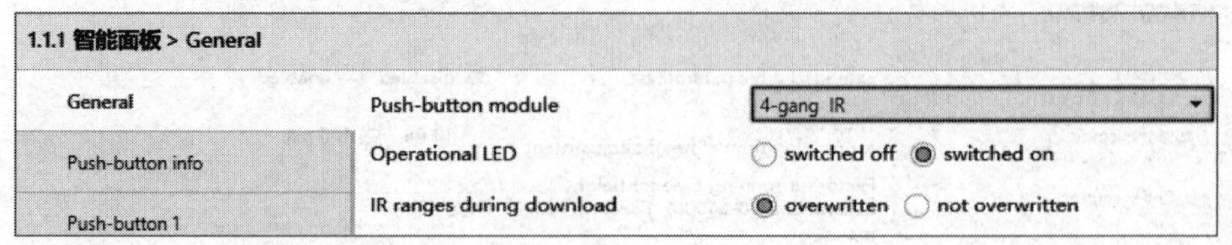

图 3－3－19　智能面板参数设置 1

2）在“Push-button 1”（按键 1）标签界面，将“Selection of function”（功能选择）参数设置为“Scene”（场景），“Scene address(0-63)”（场景地址）参数设置为各个执行器中场景 1 的地址值“0”，如图 3－3－20 所示。

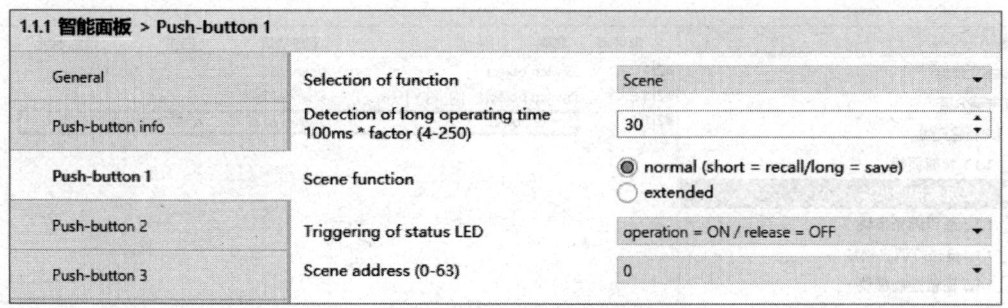

图 3－3－20　智能面板参数设置 2

3）在“Push-button 2”（按键 2）标签界面，将“Selection of function”（功能选择）参数设置为“Scene”（场景），“Scene address(0-63)”（场景地址）参数设置为各个执行器中场景 2 的地址值“1”，如图 3－3－21 所示。

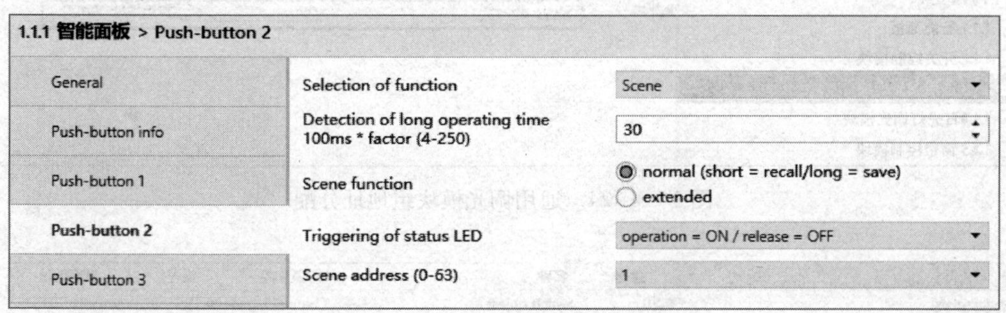

图 3－3－21　智能面板参数设置 3

4）在“Push-button 3”（按键 3）标签界面，将“Selection of function”（功能选择）参数设置为“Scene”（场景），“Scene address(0-63)”（场景地址）参数设置为各个执行器中场景 3 的地址值“2”，如图 3－3－22 所示。

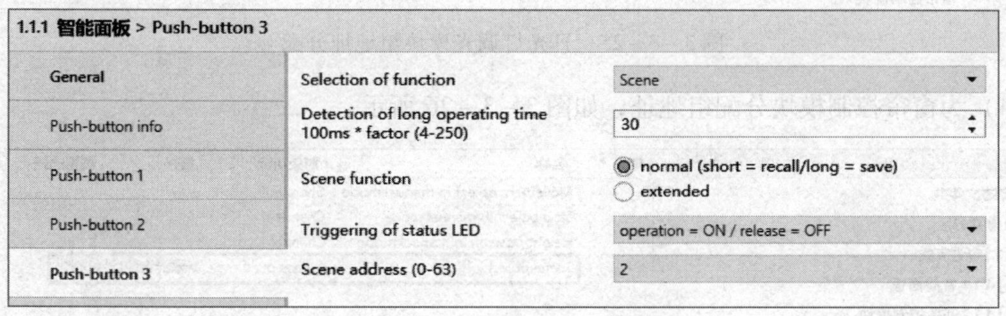

图 3－3－22　智能面板参数设置 4

（8）为各个设备分配组地址

1）为开关控制模块分配组地址，如图 3－3－23 所示。

2）为通用调光模块分配组地址，如图 3－3－24 所示。

3）为日光灯调光模块分配组地址，如图 3－3－25 所示。

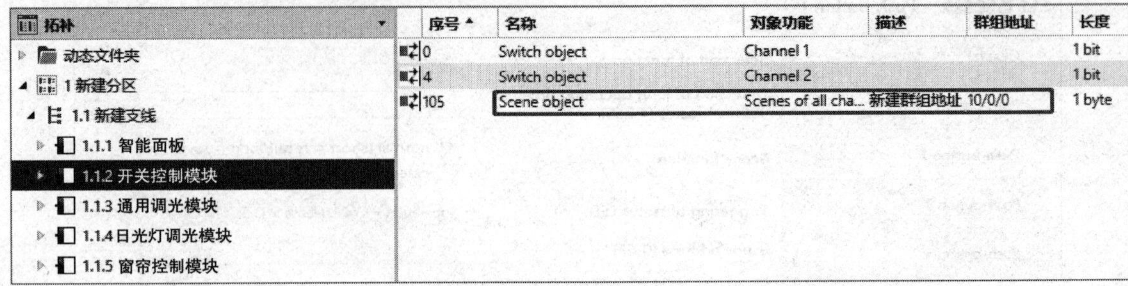

图 3－3－23　开关控制模块组地址分配

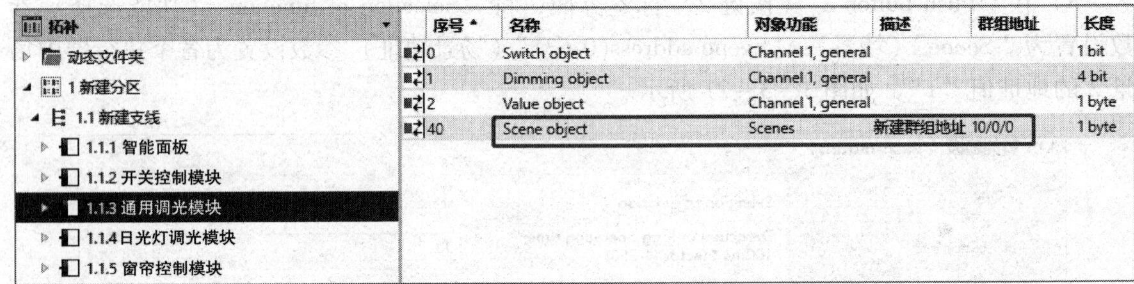

图 3－3－24　通用调光模块组地址分配

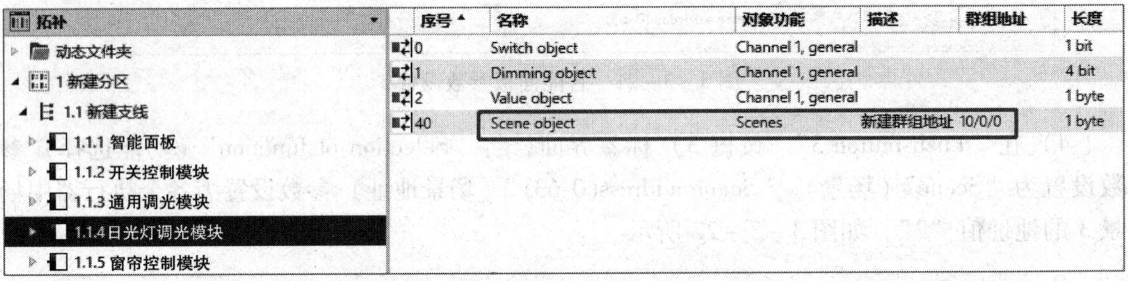

序号	名称	对象功能	描述	群组地址	长度
0	Switch object	Channel 1, general			1 bit
1	Dimming object	Channel 1, general			4 bit
2	Value object	Channel 1, general			1 byte
40	Scene object	Scenes		新建群组地址 10/0/0	1 byte

图 3－3－25　日光灯调光模块组地址分配

4）为窗帘控制模块分配组地址，如图 3－3－26 所示。

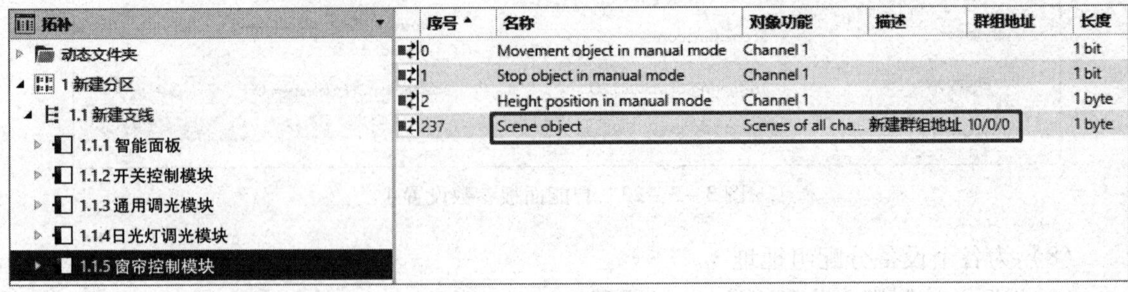

图 3－3－26　窗帘控制模块组地址分配

5）为智能面板分配组地址，如图 3－3－27 所示。

拓补
- 动态文件夹
- 1 新建分区
  - 1.1 新建支线
    - 1.1.1 智能面板
    - 1.1.2 开关控制模块
    - 1.1.3 通用调光模块
    - 1.1.4 日光灯调光模块
    - 1.1.5 窗帘控制模块

序号	名称	对象功能	描述	群组地址	长度
0	Object A	Push-button 1	新建群组地址	10/0/0	1 byte
3	Object A	Push-button 2	新建群组地址	10/0/0	1 byte
6	Object A	Push-button 3	新建群组地址	10/0/0	1 byte
9	Switch object A	Push-button 4			1 bit
12	Switch object A	Push-button 5			1 bit
15	Switch object A	Push-button 6			1 bit
18	Switch object A	Push-button 7			1 bit
21	Switch object A	Push-button 8			1 bit
24	Switch object A	Auxiliary push-b...			1 bit

图 3－3－27　智能面板组地址分配

（9）将应用程序下载到设备中

1）如未下载物理地址，则按下对应设备上的编程按钮，选择“完整下载”命令将物理地址和应用程序下载到设备中。

2）如已下载物理地址，则选择“下载应用”命令将应用程序下载到设备中。应用程序下载后，调试过程中如需更改参数或组对象链接，则选择“部分下载”命令即可。

3. 运行调试

基于执行器实现的会议室场景控制系统总线设备参数设置与编程完成后，要对整个系统进行运行调试。运行调试时，应按照控制要求逐一操作验证，观察各个功能能否正常实现。

测试按键 1 功能：白天会议模式，灯光全部熄灭，窗帘打开。

测试按键 2 功能：晚上会议模式，灯光全部点亮，窗帘关闭。

测试按键 3 功能：投影模式，座位上方灯光亮度为 20%，投影屏幕上方灯光熄灭，窗帘关闭。

如果功能正常实现，则运行调试结束；如果功能未正常实现，则需要排查故障，可以借助 ETS 软件的诊断功能查找故障原因。

4. 整理与验收

运行调试结束后，小组成员分工打扫卫生，整理工位，交付验收。

注：采用基于智能面板实现的会议室场景控制系统实现场景控制时，对于大型场景需要用到的设备很多，会发送大量组地址信号占用总线资源，可能会导致信号丢失，而且各个设备的组地址需要依次发送，各个执行器不能同时接收到信号。采用基于执行器实现的会议室场景控制系统实现场景控制时，所有的组对象分配的都是同一个组地址，调用场景时智能面板只需要发送一个组地址信号即可，不会占用过多总线资源，而且场景中各个执行器的动作可以同时进行，相对于基于智能面板实现的会议室场景控制系统更加可靠、快捷。

任务测评

考核及成绩评定见表 3－3－6。

表 3－3－6　　　考核及成绩评定表

评价内容		配分	Y/N	得分
设备安装	按图实施，完成所有设备的安装与线路连接	5		
	安装方法、步骤正确，布线横平竖直、整洁有序	5		
	所有设备固定安全、牢固、无晃动	5		
	实施过程中导线绝缘层或线芯无损伤	5		
	接线紧固、美观，接点牢固，接头漏铜长度适中，无反圈、压绝缘层问题	5		
	线号标记清楚，无遗漏或误标问题	5		
	中性线和地线颜色选用正确	3		
功能调试	无短路或接地错误	5		
	通电调试时遵守安全操作规程	10		
	按键 1 功能运行正确	15		
	按键 2 功能运行正确	15		
	按键 3 功能运行正确	15		
安全文明生产	实施过程中无违规操作	4		
	实施过程中始终保持场地整洁，实施结束后将场地整理干净，符合“6S”管理制度	3		
合计		100		